我的秘密花园

— THE SECRET GARDEN OF MINE —

花也编辑部 编

中国林业出版社
China Forestry Publishing House

图书在版编目（CIP）数据

我的秘密花园.Ⅲ/花也编辑部编.-- 北京：中国林业出版社，2021.1
ISBN 978-7-5219-0995-1

Ⅰ.①我… Ⅱ.①花… Ⅲ.①旅馆—花园—介绍—中国②饭店—花园—介绍—中国 Ⅳ.① F726.92 ② TU986.2

中国版本图书馆 CIP 数据核字 (2021) 第 020557 号

责任编辑：印 芳 邹 爱
出版发行：中国林业出版社
（100009 北京西城区刘海胡同 7 号）
http://www.forestry.gov.cn/lycb.html
电　话：010-83143565
印　刷：北京博海升彩色印刷有限公司
版　次：2021 年 4 月第 1 版
印　次：2021 年 4 月第 1 次
开　本：710mm×1000mm 1/16
印　张：13
字　数：237 千字
定　价：68.00 元

前言

当你有一个园子，却一筹莫展不知道该怎么着手的时候，建议你打开《我的秘密花园》系列书籍，每本书收集了几十个国内外花友的优秀花园案例。有自然风、杂货风，有居家休闲型，也有种菜养花两不误的。从庭院、露台到阳台，或者是一片美丽的花境，一面绿叶鲜花缠绕的围栏，抑或是一个错落有致的角落，慢慢地，你会有了对自己未来花园的想象。

哪一处是花径小路，哪一处要规划一个平台或鱼池，布置一个廊架下的操作台。择一处空地摆上桌椅，家人和朋友过来的时候，水果、花茶就手端上，夏夜的微风下，三五好友约个小派对，或者在冬日里烧烤吃火锅。想要花园有四季的风景，那么大树、灌木、宿根草本和应季的草花都必不可少。在初冬种下球根，早春的时候你就会收获郁金香、风信子、洋水仙……欧洲银莲花的鲜艳，搭配月季、绣球、铁线莲三大主角，春天绽放的时候，你的花园将成为邻居眼里最羡慕的一道风景；夏秋之际，花园里依然有很多花儿盛开，也可以欣赏树叶从浓绿到金黄的色彩斑斓。很多花园里会种上几棵果树，无花果、石榴、柑橘……或者草莓、蓝莓、西红柿，或者蔬菜，在赏花之余，你还会收获舌尖上的美味，让家里的老人孩子，一起参与到花园的饕餮盛宴。

花园不止是设计师的作品，更是你自己生活的一部分。当你对花园生活有了属于自己的想象，那么好了，开始动手吧！

花园，当然不是一蹴而就的，书里的很多花园主人循循善诱，告诉你花园是怎样一步步建设并丰满起来的，她们也经历过花园"植物杀手"的时代，在养护花园的过程中，渐渐地找到了适合自己花园的植物，渐渐了解了怎么修剪、浇水、施肥，怎样才能让植物们开出更多的花，怎样才能把花园的色彩搭配好。就像是一个新的房子，当你装上窗帘，添加家具、布置和装饰，用心生活，慢慢地房子就成了生活的一部分。花园也是一样，当它成为你生活的一部分，花园便被赋予了灵魂，鲜活多彩的、自然生命的，成了你的陪伴。

一本好的园艺书，不是只告诉你该怎么做，而是给人以启迪。《我的秘密花园》正是这样一本书。那么，现在打开它吧，和每一个花园主人来一场真心的对话，她们会告诉你，你会如何拥有一个真正属于你的美丽花园。

花也主编

2021 年 3 月 30 日

目录

41
我的魔法花园

48
蓝调马赛克，
花园是一场遇见

5
前言

55
杂货，
花园中的一场时光旅行

82
六叔的百花园
——露台之上圆种花梦想

62
香草屋
——蕾丝花边版塔莎花园

92
像画画那样创作花园

72
在水一方，金鸡湖畔

100
赏心乐事谁家院
——我们的食材花园琐记

8
亲爱的花园，
你在我心中是最美

23
莳花莳草，莳花园

30
从"植物杀手"到
园丁的进阶之路

111
胡汉三的北麓花园

120
小隐奶奶的仙女杂货花园

129
花开未满，泡泡的篱草集

139
尽精微，致广大
——锈孩子的阳台花园

149
Owl 园
——喜欢就会放肆，但爱就是克制！

158
倚山而栖，伴花而居

167
看 90 后自由插画师如何玩转 4 平方米的阳台花园！

174
从这个独立摄影师的小小阳台到窗外万里山林，都是她的"梦里原野"

185
面朝大海，与花共舞
花沁石

195
家有小庭院，栖息花丛中

亲爱的花园，
你在我心中是最美

图文 | 葉小狗

主人：葉小狗
面积：200平方米
坐标：四川成都

时常有人问我：你的花园收拾得真美真干净，花了多长时间打造出来的？是从何时开始喜欢上园艺的？其实我的花园说不上很美，干净倒是千真万确。不过，它在我心里一定是最美的。

要说喜欢上园艺，我想可能多多少少跟我小时候的生活经历有关，而真正踏入园艺领域，不过才区区两年时间。从我有记忆开始，印象最深的就是父亲在我家院子里种下的一棵大型玫瑰树。它带给我太多的回忆。每当春天来的时候，这棵玫瑰树总会开出成百上千朵花，每朵花都特别大特别红，花朵香气怡人，遍布院里院外。那时候妈妈会带着我去院子里，剪很多玫瑰花用玻璃瓶做插花，摆放在香樟木方桌上。

都知道以前生活条件并不好，家里因为有这些鲜花的装扮，也多了几分生机和希望。这棵玫瑰开花量巨大，妈妈会用玫瑰花当馅儿做汤圆，做几瓶玫瑰酱自用或送人。这一幕幕儿时的场景现如今回忆起来依然充满温暖和美好。

左页　红砖背景墙

右页上　小石汀步两侧绿植环绕

右页下　地面鹅卵石铺地和石块垒成的隔离带都是我亲自和工人一块一块砌的

延续儿时的小院记忆

随着阅历和年龄的增长,为了种上我喜爱的花花草草,也为了我的花园梦,2016年年初我买下这座带院子的房子,从2017年开始慢慢打造院子。

当初打造院子的时候并没有请设计师,一切都是按照自己的想法和理念弄的,因为我想着终于有地方可以让自己任性了,我要打造一座真正自己喜欢的花园。于是在八月最酷热的夏天,我顶着40℃的高温找工人进场施工,地面鹅卵石铺地和石块垒成的隔离带都是我亲自和工人一块一块砌的,辛苦程度可想而知。

我在院子里规划了几处种植区和一块休息区域,准备种上自己喜欢的植物,而院子里原有的土根本不能种花,于是我掘地三尺挖走又重新回填花土,搭配种植了一些乔木、灌木以及各类宿根花卉。慢慢地,花园雏形才逐步呈现出来。尽管当初并不完美,但是在我眼里,它是那么美。一处独门小院花草爬满墙,铺满石子的小路弯弯曲曲,一只小狗,几只鸟儿飞来四处撒欢;温暖的阳光,几张桌椅,许我悠闲自在地喝茶赏花。这些都是我曾经的梦想,现在逐渐演变为现实,想想便乐不可支,在院子里干活忙碌也从不觉得辛苦,分分钟都不想离开自己的花园。

左页 为了种上喜爱的花花草草,也为了花园梦,作者买下这座带院子的房子

右页 温暖的阳光,几张桌椅,可以悠闲自在地喝茶赏花

左页 各个角落的一抹绿带给心灵愉悦感

右页 一处独门小院花草爬满墙,铺满石子的小路弯弯曲曲,一只小狗,几只鸟儿飞来四处撒欢

新手的试错与成长之路

  我承认在打造院子的最初,园艺方面的知识和经验并不太丰富,徒有疯狂的热情,陆续购买了一百多种植物、各类花器,没有过多地考虑它们适不适合自己的花园,适不适合本地的气候和环境。院子建好后的一年,我发现堆砌着各种各样盆器和花草的院子显得杂乱不搭调,就决定从2018年年初起着手调整。

  我采取"各个击破"的方法对每个区域逐步实施改造,对院子重新进行功能分区和花境规划。原来留着种菜的区域也打造成花境,中间以红砖小路分隔。花园的打造尽量以自然为主题,蜿蜒曲折的石板路、红砖白墙,搭配各种铁艺、陶器,各类小摆件,还有不同层次、种类的花草灌木及宿根花卉。这时候的我也开始学着克制和精简,让院子里的植物和花器的色调尽量协调统一,整体便显得清新自然。

  花园不是堆砌,也不是花圃,它一定是属于自己的独一无二的花园。所以不管别人怎么说,自家的花园一定要自己喜欢,你可以任性发挥去布置。我在红砖小路的尽头打造了一处杂货区,用防腐木做了一张长桌子,背面安放一块旧门板,摆放一些我喜欢的盆栽植物和摆件,墙上爬着风车茉莉。自从接触了花园杂货,我也像着了魔似的热衷于四处淘旧货,捡破烂。别人丢弃不要的门框和花盆,我都当做宝一样捡回家，处理上色后又可以重新绽放它的光彩。

随着时间的推移，这一两年我慢慢积累了更多园艺知识，开始淘汰一些并不适合自己花园和本地气候的植物。我总是跟朋友开玩笑声称自己也算是踩着植物的尸体一步步成长起来的。每天不管是休息日还是上班日，我都会很早起来巡园，哪怕抽几分钟时间也要在院子里转一转，看看花草长势，才心满意足地离开。下班回家都是急不可待地直奔院子，给花浇水修枝，打药施肥，拔草捉虫，像打了鸡血一样充满斗志。每天早晚必清扫院子，随时保持庭院整洁是我的必修课。勤打扫，勤拂拭，一个干净整洁的院子能带给心灵愉悦感。

会上瘾的花园改造

对院子的小改造真的会上瘾，我每天都琢磨着怎么再改一改，弄一弄，想着它更完美一点。于是乎我在石板路的尽头又砌了一块操作台，红砖白缝，结合防腐木做的门和一块装饰墙，挂上小摆件。操作台砌好后，不仅美观且实用，下面的储物空间可以存放很多园艺用品，在台面上操作换盆也更加方便。

我喜欢自然乡村风的庭院，周围被很多绿色植物包围。待在这样的环境里，我会更加自在，犹如在森林王国里。随着院子的一步步

左　红砖小路的尽头打造了一处杂货区，用防腐木做了一张长桌子，背面安放一块旧门板，摆放一些喜欢的盆栽植物和摆件，墙上爬着风车茉莉

右　花园不是堆砌，也不是花圃，它一定是属于自己的独一无二的花园

原来留着种菜的区域也打造成花境，中间以红砖小路分隔

小改造，我积累的经验也越来越丰富，脑袋里每天涌现出各种千奇百怪的想法和灵感。我不太喜欢一成不变的状态，通过改造也获得了非常多的乐趣和成就感，花园一天一天变美。我想，我会一直折腾下去。

我在局部小改造时只要心里有了大致的构思，基本上实际操作都是临场发挥，并没有图纸或模板照搬。我很享受把想法变为现实的体验。不过没有任何园艺知识和经验，没有一定审美基础，建议还是交给专业设计师去实现，以免走很多弯路，造成资源浪费。

付诸行动真爱园艺

现在很多花友包括我自己都非常喜欢杂货风花园，特别是在最萧条的冬季，杂货区域就更能体现它的存在。当然，我认为一个美丽的花园依然还是以植物为主，各种杂货或其他只能是衬托，达到锦上添花的效果。

说到为什么这么热爱园艺？我想园艺令我最幸福的莫过于在院子里汗流浃背地打理收拾完，我可以坐下来逗逗狗，看看花，左望望，右望望，一遍又一遍地打量着院子里的一切心

左页 我很享受把想法变为现实的体验。每个人都向往美好的生活，只是还没有找到正确的打开方式。让生活更美好，请从花花草草开始吧

右页 花园一天一天变美。盆栽也整齐有序

爱之物。此刻，心是完全放空的，是愉悦而自在的。

我家先生是我最得力的帮手。重体力活儿，包括很多小改造、翻土种植，打造花境很多都得靠他。男人一旦爱上园艺，那是非常痴迷和疯狂的。让家人一起参与进来，携手同行是享受园艺最好的办法。

因为自己喜欢养花，也带动了周围的邻居和朋友。也许有人会说养这么多花太难打理也养不好。我想说的是，除了投入很多时间和精力外，更多的是对园艺无尽的热爱，只有热情可以抵消你没时间、没精力、养不好花的各种借口。我的园艺道路才刚刚开始，还有很多需要改进和进步的空间，花草需要时间让它慢慢成长，我们也需要成长。

左页 别人丢弃不要的门框和花盆，都可以捡回家，处理上色后又可以重新绽放它的光彩

右页上 各种铁艺、陶器，各类小摆件，还有不同层次、种类的花草灌木及宿根花卉

右页下 操作台砌好后，不仅美观且实用，下面的储物空间可以存放很多园艺用品，在台面上操作换盆也更加方便

莳花莳草，莳花园

图文 | 胡笙

胡笙曾有一个花园梦，莳花弄草，淡忘外界纷扰。后来机缘巧合，他的花园得以在一片黄土和建筑废料中破土而出。他如愿以偿，便给花园起名"莳花园"。自此，清晨水烟袅袅，鸟儿欢唱，胡笙在花园坐看四季轮转，感悟生命真谛。

主人：胡笙
面积：600 平方米
坐标：四川成都

左页 以白墙为画布，一幅立体的月季画美丽又迷人
右页 花境的打造很用心，紫色的绣球静谧祥和

花园萌芽

以前家里的房子有一个小小的露台，从我上大学的时候便喜欢种一些植物。那时候刚开始种植多肉，还种植一些国产的月季花，一有时间便喜欢去逛逛花市，买到心爱的植物心里非常满足，一回家就各种倒腾露台。慢慢地，露台上的植物越来越多，随着自己对植物的认知不断提高，想养的植物就更多。这时就梦想着有一个属于自己的大花园，莳花弄草，感受一年四季的变化。偶然的机会寻找到一片空地，就决定要建一个花园，完成自己的梦想，就这样整个花园从这片黄土和满是建筑废料的空地上拔地而起。

白手起家建造花园的过程虽然艰辛，但是带给我的感触此生难忘。眼看着一天一天接近自己的梦想，吃再多的苦也都值得。记得造园期间的一年冬天，一只流浪狗来到我未落成的花园，在散落的木板下面生下了五只小狗。满月后五只小狗才从木板下爬出来，当时的情景不禁令我感叹：如此困难的条件狗妈妈都能将五只小狗全部带活，可见母爱伟大，生命顽强。这件事给我的造园带来更大动力。后来这个小家庭也在我的花园里安顿下来，结束流浪生涯，忠心驻守着花园，伴我一起莳花弄草，建设美丽新家园。

坐看时光轮转

整个花园面积为600多平方米，我非常喜欢玫瑰，所以在花园里划拨出一大块区域打造玫瑰花境，包括花园右边的栅栏也全部种上了玫瑰。我在栽种时将玫瑰品种的颜色进行了搭配，等花全部盛开时就像一个巨大的花艺作品诞生。无论从花园路过，还是清风拂过，都会

让人闻到玫瑰的香气。花园进门处留有一块草坪，这块草坪远远看去是一片树叶的造型，因为我想让花园里处处都流露出自然的气息。除此之外，我在花园的东西两侧分别建造了一个休憩廊架和玻璃花房，中间以圆形相连，寓意时光的转盘，廊架和玻璃花房就在圆盘的两边。夏天我喜欢坐在廊架下，冬天就移步到玻璃花房内，两处相互对看，谁也不会孤单，成为彼此眼中的独特景致。

以成都的季节，从维护的角度来说，最忙的季节应该在夏季。主要的精力集中在除草上，夏季的草一周不除，就可以长得很高，再想"收复失地"就要花些气力。况且为了植物的健康，我基本上都是手动除草，打除草药会直接伤害到植物也会间接伤害到在花园里活动的宠物。考虑到我养的植物种类比较繁多，无论盆栽窄叶还是宽叶的。不过只要勤于清理，便会好很多，不会觉得几百平方米的花园工作量大到不能忍受。其余季节的维护工作量还算比较平均。

造园之困

之前提到过我的花园是从一片黄土和建筑废料的空地上建起的，因此建造经历的所有细节我都有很深的感受。对于自己想要的花园模样我早就心里有底儿，动工之前就先自行画了简易草图。很多想法都已刻在脑子里，就剩下按照自己的意向一步步去完成罢了。虽然现在仍有很多想法没达到理想状态，我会慢慢来，一点一点地去完善。

起初，清理遗留的建筑废料就令我非常头疼。尽管在平整土地阶段已将不少建筑废料清理掉，但这些废料远比我们料想的多得多。到了后期栽种阶段也在不停地清理，查漏补缺。另外让我头疼的问题远不止建筑废料，而是这块地的土壤状况。整片土壤呈黏性土，下雨特别容易积水，而且土壤毫无肥力。建园初期我并没意识到问题的严重性，随后一些植物便忍受不了，出现了很多状况。

面对这样棘手的问题我便下定决心彻底改良土壤，在这方面下了好大工夫。将花园部分低矮处抬高，预留排水层，并在原有土壤基础上加入泥炭土、碎石等增加排水透气性，种植时再进行单独坑填。多手段齐下，土质恶劣的问题得到有效遏制。我因此也总结出来：只有给植物创造好的环境，它们才能健康茁壮地成长。植物其实很简单，你对它付出多少，它将回报给你多少，甚至比你付出的还要多。所以我建议大家在造园初期一定不能忽视对基建工作的重视，一旦偷懒，留下的后遗症将会令人万分痛惜。

长路漫漫，美园一路相伴

从建造之初算起，我的花园打造只历经了一年半时间。在甚短的时间内花园成长迅速的原因在于在重要的位置上选用了苗龄较大的植物，可作为主要架构，景观自然看起来相对饱满成熟。再者，就是栽种之前下了底肥，致使花草长势喜人。平时我扑在花园上的心思也不少，一有时间就修剪残花、除除草，日久已养成勤劳的习惯。勤动手才不至于维护工作积攒

左页 作者非常喜欢玫瑰，所以在花园里划拨出一大块区域打造玫瑰花境，包括花园右边的栅栏也全部种上了玫瑰。栽种时将玫瑰品种的颜色进行搭配，等花全部盛开时就像一个巨大的花艺作品诞生。无论从花园路过，还是清风拂过，都会让人闻到玫瑰的香气

一大堆，最后到"抓瞎"。每周做一次全面的定期维护，包括施肥等。全面维护需要耗费一整天时间。

如今的花园，还像一个小孩，但在我心中已经知道它未来将变为什么模样。我将会在今年秋冬和明年初春对花园进行一些基础建造的完善，调整部分植物。借冬季对不满意的地方进行整改，包括植物的布局。一个好的花园，不在于它看起来多么崭新，基础建造有多么华丽，而在于整个花园的灵魂。花园的灵魂是花园主人赋予它的独特性格，一个花园体现的是花园主人的气质以及审美，这层气质需要时间来沉淀。在时间的雕琢中花园会表现出更加醇厚静谧的境界。

花园生活，简单说就是人在自然中的真实缩影。有句话说："一树一菩提，一花一世界"。当你真正用心来感受花园时，才能体会这句话的悠远意境——花园里的植物如同我们人一样，会有生病之时，亦会面临死亡，更会在你不经意间带来意想不到的惊喜。究竟我们该用什么样的心态来对待呢？这不正是生活带给我们的思考吗？

左页 只有给植物创造好的环境，它们才能健康茁壮地成长

右页 夏天坐在廊架下，冬天就移步到玻璃花房内，两处相互对看，谁也不会孤单，成为彼此眼中的独特景致

Tips

胡笙的造园小贴士：

1.造园之初的基础建造不必太过复杂，复杂反而后期会显得凌乱，也会喧宾夺主。花园的硬件铺装尽量自然，可以选用石、木等自然材料。

2.如果是地栽，在泥土条件本就不太理想的情况下，栽种介质一定要改良到位。不然植物的存活率不高，未来的维护工作也会很麻烦。

3.造园初期切忌贪多，植物过多又不能很好地运用，景观就会显得杂乱无章，以后改动起来也麻烦。刚开始的植物布局合理且苗龄大，则能够让花园迅速地见效果。

4.栽种后尽量不露土，使得景观看起来干净整洁，可以选用铺面介质，也可通过种植匍地植物来达到。

5.花园的排水，包括泥土的排水性要一次做到位，特别是南方地区，否则连续的雨水天气会让植物吃不消。

从"植物杀手"到
园丁的进阶之路

图文 | 范范

本想养一屋子花足矣,一不小心打理了一座花园,实现了"切花自由"不说,阳光下草地上野餐,孩子奔跑嬉戏,小猫慵懒闲卧。花园给你改变生活的契机,结局是好是坏,关键在于你如何把握。

主人:范范
面积:100 平方米
坐标:四川成都

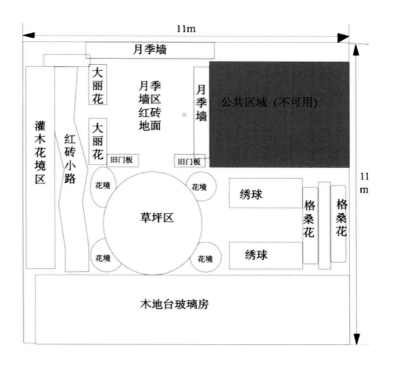

我叫范范，大学毕业那会儿的QQ空间上曾写着自己对未来生活的期许：想过养一只狗，一屋花的生活。后来养狗的愿望终被养猫所取代，养一屋子花的梦想超预期实现，被一个可爱的花园所代替。在写下那段话之后的十多年，在自己退休以前，超前拥抱了想要的生活，每每想到此处，都会令我按捺不住窃喜，笑出声来。

花园是一盘棋

在郊区购置一套一楼带花园的房子，可能在一些地区不算太难的事，我身边的同龄人有人一咬牙也就买了。可是有了花园的条件不等同于能拥有一个维护得体的漂亮花园。比起花园给你带来的福利和享受，相对等的付出也很考验人。夏日的蚊虫、潮湿、不断的折腾、没玩没了的琐碎，迫使你向自己发出灵魂拷问："植物杀手"真的配拥有花园吗？我造得出"别人家"花园的样子吗？意志稍一薄弱，前功尽弃，花园的梦想就此作罢。

比起在花园地里弯腰刨土，躺在沙发上"刷"微博多安逸啊。翻到微博上"别人家"的花园，艳羡得要命，复燃起搁浅的花园梦，然后又被现实逼迫着放弃，循环往复，举棋不定，这样对花园的打造一点好处也没有。

所以，想成为一名园丁，不是仅对花园成果的热爱那么简单。玩花园就请做好接受失败和经历挫折的心理准备，从一粒种子到一片嫩叶，从一块根茎到长成"开花机器"，从一棵小苗到开满墙的蓬勃，从一路烂泥到夹道欢迎的花境,你将要见证的总会超乎想象。

结局扑朔迷离的花园正是令人着迷之处。那些在你后腰堆积的乳酸,指甲缝里残留怎么也洗不干净的泥土,都会让你对在花园里埋下的伏笔满心期待,自行脑补出繁花似锦的情景。届时你会像被施了咒语一般,为脑海中所描绘的蓝图而动用工具。电锯、电钻、钉枪,从未想过自己能用得如此熟练;钉耙、锄头、铲子,从此每日离不开它们的陪伴;木工、泥水匠、油漆工,全是属于自己的新标签,进阶全能达人。

看看花园作用在我们身上的变化。

那我的花园又是如何养成的呢?

园丁养成之路

我的花园形成始于我的职业生涯。起初因为做花艺,开了自己的花艺工作室,在工作室外连带一个100平方米的平台,那便是我花园的雏形。后来拓展事业做了摄影培训的我阅览了太多图片,灵感自然而然地就在我心里落下了根。我对花园的喜爱与日俱增,感到这份爱可以战胜其他一切困难。毕竟工作室是租来的,我闲暇时间一直在物色房子,最后才找到这套一楼附带100平方米院子的房子,坚定决心从市中心搬到市郊,为新花园的开辟创造了条件。

左页 曾经对未来生活的期许：想过养一只狗，一屋花的生活。后来养狗的愿望终被养猫所取代，养一屋子花的梦想超预期实现，被一个可爱的花园所代替

右页下 有朋友说，种花就是种下希望，每天用目光滋养它们，看它们每天的变化。花园从来不辜负有心人，用心就会花开

左页 下午茶、草坪小野餐、夕阳中的晚餐、剪花插花，花园生活有滋有味

右页上 椅子后面的月季花开得太旺盛了，以至于影响落座，真是实力"占座"

右页下 喜欢草坪，好似给户外空间铺了绿油油、软绵绵的毯子

我想，即便再苦再难我也要咬牙忍一忍，活成自己想要的样子，而非找一大堆理由来消耗真正的自己。

刚拿到花园的时候满是杂草，我根据自己的想象设计了花园的图纸。操作上80%由自己和朋友动手完成。鉴于花园是一个正方形，中间有一块公共区域，我在公共区域用防腐木围起来做成月季墙，靠房子一圈做了防腐木的木地台和玻璃顶。初具规模的花园在初春略显荒凉，我把工作室的种球盆摘移过来点缀它。

舒适的花园需要做分区规划，根据自己不成熟的想法，我把花园分为四个区域。

1.由卧室延伸出的花园小径。

一条10米长的小路直接通往拱门和椅子陈设的区域。铺小路时我用的红砖材质，不足之处在于小路过于笔直，下次改进时可能需要改变其形状，曲径通幽才耐看。我撒了很多草花，角堇可以一直爆花到七月。栀子花和黄角兰的香气萦绕良久，陪伴我夏夜坐在椅子上歇凉。在小路的右手边是月季和大丽花阵营，再往远处就是月季花墙区域。后来椅子后面的月季花开得太旺盛了，以至于影响到我无法落座，真是实力"占座"。飞燕草和毛地黄剪了花序还可以二次开花，可以成多头，对于花园

高低的层次拉伸也是很好的植物选择。女儿在小路边上种了草莓，吃起来不甜，但是点缀了我的花园。

2. 月季墙前的就餐区。

月季墙最初是绿色的围挡，和我选的色差相去甚远，实在看不下去了只好买来白漆自己动手涂刷。那时候月季已经枝叶丰满，我硬是爬上梯子站在刺丛中刷上了白漆，现在回想起来还挺佩服自己的勇气。后来我又在这块区域架起门板作为隔断，门板用月季等各种粉色的花包围，另一边用的是铁艺栅栏，铁艺栅栏前面种了大丽花。大丽花不愧为"花神"，除了容易倒伏没有其他问题，我用了两层栅栏进行打围。

3. 一定要有块草坪区。

我喜欢草坪，在国外花园图片里不止一次见到它们，好似给户外空间铺了绿油油、软绵绵的毯子。在现有基础上，我准备将所有红砖区拆掉，全部改用草坪。推荐台湾"2号"这个品种的草，不太长，又长得快，不用打理，可以踩踏。铺草坪首先要确保地面平整，打好基础，不然走在上面会有凹凸感。我的草坪区域大概占地12平方米，四周做了小花境，撒播的草花们不负所望持续开花。

4. 走廊外的绣球花丛。

去年的绣球开得并不理想，可能是我修剪不得当造成的缘故，期待今年能有好的结果。从厨房出来的平台走廊上看出去，绣球花丛的

左页 栀子花和黄角兰的香气萦绕良久,夏夜坐在椅子上歇凉很享受
右页 小路边上种了草莓,吃起来不甜,但是点缀了花园

门板用月季等各种粉色的花包围

景致还是很美的，我收了些旧门板进行隔断。今年小木屋的落成绝对是花园里的大纪事，钢结构的小木屋用防腐木打围，同样刷成白色，我淘的旧木窗在木屋安了家，拥有小白窗的愿望也实现了。现在的我不再奢求更多，安心享受当下的状态。下午茶、草坪小野餐、夕阳中的晚餐、剪花插花，花园生活有滋有味。别看照片里的我过着贵妇般的生活，现实中我是撅起屁股拔草的农妇，花园成果是我日复一日的积累。有朋友说，种花就是种下希望，每天用目光滋养它们，看它们每天的变化。我说，花园从来不辜负有心人，用心就会花开。

我的魔法花园

图文 | 小金子

主人：小金子
面积：60平方米
坐标：四川成都

对于拥有花园这件事，我贪婪的欲望从没有被满足过。从养几盆绿植到种一屋顶的花，再到现在已有雏形的花园，我总是觉得不满意，永远觉得这里那里都需要改变。如果我有一根魔法棒，是不是可以想改变就改变？

艰难的造园之路

想要一个花园,是我蓄谋已久的事情,当我拥有这个屋顶之初,我就开始幻想花开满园的样子,想象女儿可以在月季廊下嬉闹,而我可以泡上一杯清茶安静地看书。但我真的是个懒人,加之还有一群拖后腿的家人,他们总是在我买花回来的时候说你又买花了,你这个是能吃呢?还是能饱肚子啊?后来连买花都变成一种偷偷地行为。所以要想打造成我梦想的花园真是不可想象的艰难,只能一点一点慢慢来。

几年后,我的屋顶已经凌乱不堪。楼顶植物很多了,除了我的各种花卉,还有我妈妈种下的无处不在的蔬菜,到了雨水丰沛的夏季,植物恣意生长,拥挤得让人下不去脚,蚊虫也多,根本不想走进花园。之前的休闲区堆满了养鸡的各种物料。花园离我梦想中的样子渐行渐远。

软磨硬泡,终于说服老公帮我改造。我楼顶原有的基础还是不错,很有高低层次。我们在低处的四周修砌了花池,这样便于花境的打造,月季也从盆子里搬进了花池,四周又用防腐木做了围栏,我幻想到了春天能有几面花墙;还规划出一块休闲区,做了防腐木的地板,这让花园有了休闲的地方,渐渐有点花园的样子了。

送你一个真正的花园

然而我内心是惶惶的，我这样的楼顶必然不能称之为花园，当玛格丽特-颜来到成都提出看看我家花园的时候，我真是紧张得不行，如临大敌一般把着楼梯口，头甩得跟拨浪鼓一样。

尽管有一些花园的雏形，但楼顶所有光照好、风水好的地方都是属于"母后大人"的蔬菜。我的花盆里只要有裸土都会被撒上菜种子。甚至不大的地方，鸡笼有两个。

这样一个弹丸之地，还要花果蔬畜齐全，连我都不愿意上楼，又怎会入得了玛格丽特-颜之眼？当她又一次来成都的时候，却说要送我一个真正的花园，我整整失眠兴奋了3个晚上。当然，我固执可爱的母亲也做了个噩梦，梦见她统治的菜地全没有了，为此郁闷了好几天。

所以，我家的花园改造必须保留菜园、鸡舍。经过设计师刘俊的重新规划，整个花园被合理地分成两个休闲区和两个蔬菜种植区，每个空间高低错落，较以往多了层次感。原屋顶四周无遮挡，毫无私密性可言，加之别处屋顶也很杂乱，这也是需要重点调整之处。花园区域和菜园混在一起，失去规划，间接导致种菜不敢用药，连带不少花草自生自灭。最后，我有很多植物，由于它们长势过旺，剥夺了人的活动空间。

左页 打理花园是很辛苦的，残花和落叶需要及时清除，每一棵植物都需要精心呵护，要保持花园一个好的状态，还需要花园主对于植物的数量和色彩克制 适合的就是好的，屋顶下做了两面背景墙，下方分别做柜子和吧台，这样既能放置花园常用的药肥和鸡食等，桌面上还能摆放一些装饰品，让花园变得有序

右页 色彩上，采用地中海蓝和淡雅的浅蓝灰色，干净而清爽，后期再配上杂货，花园立马精致起来

鉴于改造时间和经费的限制，花园改造的实施重点集中在楼顶花园大门外的空间，这块区域大概有12平方米，有一个半遮阳的屋顶，能遮风挡雨，很适合作为休闲区使用。刘俊在屋顶下做了两面背景墙，下方分别做柜子和吧台，这样既能放置花园常用的药和肥、鸡食等，桌面上还能摆放一些装饰品，让花园变得有序。色彩上，他采用地中海蓝和淡雅的浅蓝灰色，干净而清爽，后期再配上杂货，花园立马精致起来。

门的正对面做了密拼背景墙，挡住对面楼顶的杂乱，也让我的小空间变得更独立、私密。

一直想要一个花园拱门的愿望，这次也终于实现了。两个休闲区中间加了一道拱门，专门定制的拱门装饰被木工打造成状元帽的形状，这对于家有考生的我来说非常喜欢，寓意吉利。我已经开始幻想拱门上爬满白色风车茉莉的样子，幻想从此坐在拱门的台阶上喝茶数星星的夜晚。

自此，我的花园渐渐有了花园的样子，每当有人提出要来我屋顶看看的时候，我也可以微笑着答应。

废品DIY 让花园再次升级

有了上一次改造的基础,花园的再次改造就变得容易得多。我们常常捡回一些废弃的东西,比如旧窗户、旧婴儿床、旧桌子。一有时间,我们就在家里敲敲打打,婴儿床的围挡变成了挂工具的工具墙;前挡变成了搁板;自己做了大花箱等。

我一直说希望有一支魔法棒,可以随时实现自己的花园梦想,在这里,我终于知道这只魔法棒只能是自己的一双手。于花园来说,能保持状态的必须要点就是整理和维护。打理花园是很辛苦的,残花和落叶需要及时清除,每一棵植物都需要精心呵护,我常常说风车茉莉和三角梅都被我养死了好多棵,这样在大家看来根本不需要投入精力的植物在我家依然会死掉,而大多数人都觉得不好养的杏色飘香藤却在我家度过了严冬,这就是精力投入的问题。要保持花园一个好的状态,还需要花园主对于植物的克制,一开始都是收集控,看见能开花的都希望搬回家,花园改造以后,我对于植物的数量和色彩都有了控制,我知道适合的就是好的,不会再盲目的买买买。

理性的花园建成后,我不再是植物的奴隶,开始享受花园生活,每天整理完花园后,还可以坐在里面喝杯茶,夏日的星空下能躺摇椅上乘凉。在春日花园里,还能呼朋唤友在园子里赏花作画。这对于现在的我来说,已经基本实现了我的花园梦想。

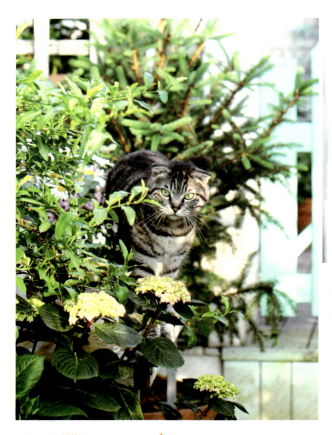

左页 猫咪和绣球很搭哦

右页 渐渐有了花园的样子,每当有人提出要来屋顶看看的时候,花园主人可以微笑着答应

蓝调马赛克，花园是一场遇见

图｜玲、小金子　**文**｜玲

曾经的不辞辛劳，果真能换来自己想要的岁月静好。生命是一场遇见，每一个耕耘在花园里的人，都通过园艺遇见人生中最好的自己。

主人：玲
面积：200平方米
坐标：四川成都

我不是一个设计师,却亲手设计打造了自己的家园。一直认为房子是给自己住的,只有自己才最懂自己,知道自己想要什么样的感觉。我的花园一定是要与我共呼吸、共滋养的,要有属于我的气质和鲜明的辨识度。

一座充满爱的园

喜欢摄影的我,希望打造的每个场景,只要有人站过去就是一幅画。于是心里藏着田园梦的我,把十几年前买的一套一楼带200平方米花园的两层房子用来打造我的秘密花园。最初想接生病的母亲过来疗养,自己每周也可以和家人过来度假。

后来故人西去,母亲亲手栽种的桃树被我移栽到花园里,寄托我对她的深深思念。桃花依旧笑春风,我深信桃花能带来亲人的音讯,桃树会荫蔽后人的福祉。

小时候生活在厂区宿舍,红砖墙、木格窗便是我童年的记忆。与小伙伴们在厂区肆意奔跑、玩耍、院墙下扯花搭灶过家家、母亲倚门呼唤回家吃饭——小时候想要逃离的,恰恰是如今不能忘怀的。我发现造园有超强的治愈能力,这座花园于我更多的是对亲人的思念,怀念跟母亲在厂区红房子里生活过的温暖而细碎的时光。

我想每个人心中都应该有一座爱的花园吧。

惊艳精致马赛克

由于平时比较关注建筑与设计方面的资讯,偏爱浓郁大胆的色调,一开始心里就有数,知道自己大概想要的花园样子。造园的过程只是慢慢让想法变清晰,把想象变成现实。花园一点一滴地建造起来,儿时的记忆和一些过往渐渐由模糊到清晰。

初见我的花园,可能印象最深刻的便是像瑰丽的宝石镶嵌在花境里的马赛克物什。走

喜欢摄影的我,希望打造的每个场景,只要有人站过去就是一幅画

到哪里我都留意收集，将它们一一收入我的花园。马赛克饰面的桌椅、花瓮，包括地上的花砖，时间久了，形成规模，它们便成为我花园的特色。游走在各个区域，你会惊喜地发现不同的图案和色彩组合，转到下一个拐弯处，可能又是眼前一亮。

我酷爱摄影，我的花园自然也要打造成最佳外景拍摄地。中式园林讲究"一步一景、移步易景"，我的花园风格虽然不是中式风，却也牢牢把握造景的精髓，努力搭配每个细节。朋友戏称来到我的花园一天拍完海岛风、东南亚风、萝莉风、欧洲风大片。花园的阳光房是我早晚最喜欢待的地方，也是亲朋好友在一起举办大型聚餐的地方。阳光房里的餐桌最高纪录曾容纳下21人落座。

滋养心灵治愈力

其实我养花不易，不易在家里有个不省心的哈士奇狗狗，草花根本不敢下地种，它真的会把我的劳动成果当草吃光光。

四五月份是我家最丰盛的季节，欧洲月季、绣球、铁线莲都是这个季节的主角。第一次给花园配置植物的时候，由于没经验，没考虑好植物的属性和花期，基本以失败告终。从此我汲取植物不能乱买的教训，尽量买花期接近的。这样开出来花，院子里才显得比较热闹。以前每天忙忙碌碌，却碌碌无为，今天等于昨天，明天等于今天。现在花园四季有风景，早晚有不同：今天绣球开了，明天月季添新叶，看不完的新鲜，每天都与昨天不同，每天都有新的期待。

花园四季有风景，早晚有不同：今天绣球开了，明天月季添新叶，看不完的新鲜，每天都与昨天不同，每天都有新的期待

这里蓝色不代表忧郁，它象征着比海还沉静，比天空还广阔。自从拥有这片蓝，花园更出彩

花园里的夜晚又是另一番情景。我喜欢被花香熏得心醉，三五好友，粗茶淡饭，听歌、听雨、夜聊，清新淡雅的日常。以前醒来想的只有开店赚钱，每天满脑子进货销货、员工工资、房租压力，生活成了辅助。现在睁开眼就惦记来到花园走走看看，生活才是核心，能体验到生活的真谛，思维也跟着发生巨大改变，心态变好了。花园给我带来生活的灵感和美好的际遇，我的每一分付出都得到加倍的回馈，让我亲历努力向上生长的嫩叶、娇艳芬芳的花朵、殷勤做客的鸟儿，以及安逸静谧的生活氛围和纷至沓来的花友。

愿比海蓝比天阔

逐渐地，我想把花园打造成低维护花园。尽量做到高颜值，低维护，好把自己解放出来，不那么辛苦了。女儿是蓝色控，我便把一整面墙改造涂刷成浓郁的蓝色。施工的时候，工人再三和我确认："是这个颜色吧？会不会太深了？"我一遍遍地肯定："就是要这样的蓝。"这里蓝色不代表忧郁，它象征着比海还沉静，比天空还广阔。事实证明，自从拥有这片蓝，花园更出彩。

美好的东西从来都没有传播的障碍，只要有一颗美好的心，就会懂得欣赏花的美。美也是需要分享的，大家共享美，才是真的美。我的花园现在已是一波爱美的姐妹们争相来打卡的地方，大家怎么也拍不够，经常能在镜头里发现新的框景的视角。

耕耘花园让我意识到世间有许多美好比金钱和物质更重要，耕耘让我收获植物生长的喜悦，享受花园里的惬意，甚至时光都显得格外温柔。花园已经完全融入我们一家人的生活，快高考的女儿每星期都愿意回这边居住，说这里能让她静下心来学习，坐地铁回来四十分钟路程也不算远。而我也在播种和收获间享受着家人陪伴的简单快乐。原来自己曾经的不辞辛劳，果真能换来自己想要的岁月静好。生命是一场遇见，我正通过园艺遇见人生中最好的自己。

马赛克饰面的桌椅、花瓮,包括地上的花砖,时间久了,形成规模,它们便成为这座花园的特色。游走在各个区域,会惊喜地发现不同的图案和色彩组合,转到下一个拐弯处,可能又是眼前一亮

杂货，
花园中的一场时光旅行

图文 | 砼

主人：砼
面积：58 平方米
坐标：四川成都

在我的意识里，杂货象征着儿时的美好回忆，象征着精致的生活品位。我义无反顾地投身花园杂货的收集行列，在旧物里找寻新的生命迹象，在动手改造的过程中体验创造的欣喜。

我是一名重度搪瓷爱好者，许是因为小时候与奶奶一起生活的缘故。回忆里，生活精致的奶奶总让我把刚拾的鸡蛋往搪瓷饭盒里放，一层、两层、三层，隔开，每每小心翼翼地合上盖子，搪瓷饭盒就会发出清脆"咣当"的响声。那时，奶奶还教我种下人生中第一棵植物，用破掉的搪瓷盆填些园土，扦插一盆太阳花。夏日里，色彩斑斓，这大概是我回忆起童年最美的画面了。不曾想多年以后，这颗种子在自己成家以后像发了芽一样，开枝发叶，我不断地留意并收集搪瓷制品，开启倒腾杂货的花园之旅。

始于搪瓷的杂货兴趣

我的杂货花园确切地说是从2016年刚刚翻建了院子的围墙开始的，升华于2017年，我们一家三口通力协作从每个小角落动手慢慢改造。转眼间两三年过去了，院子也像一个慢慢长大的孩子，在花儿与杂货的点缀下，一天天地饱满丰盈起来。这个室外延伸的空间承载了我们一家人过往的点点滴滴。

院子里第一个确定布置杂货的角落缘起于我捡到的一台废弃的缝纫机。某天经过菜市场附近的一家老裁缝店，我看见它被丢于门口，

在确定店家不要的情况下,便花了点钱请人运回了家。因为看过一本《壁面园艺》的书,学习到延伸壁面的重要性,因此我为它DIY了一面背景墙。随着季节的变换,花开花落,杂货不同的搭配总让人有新鲜感。这也是我偏爱杂货的原因,没有花的时候,有杂货撑场,花园环境不至于落寞。

后来我结识了一群志同道合玩杂货的花友,赶上"门板潮"兴起的时候,自己也毫不例外地被洗脑卷入其中。我们美其名曰"得板者得天下"。玩笑之余,我们搜集美图,作为搭配参考。复古门板的利用不仅环保,还可以为花园增添一些层次,作为不用挪动的拍照背景墙,正所谓一举多得。为了展示收到的一个难得的门板,我和老公专门动手砌了一块台面增加空间的层次感。现在它成为院子里一道小小的风景线,中途也曾更换过其他颜色的门板尝试的效果。既然是杂货控了,门板必是花园里不能缺少的宝。

我也喜欢为花园收集一些旧物作为装饰,像器物里的水壶、瓦盆,家具材料类的旧窗、旧凳子、旧桌子、铁皮桶,时间赋予它们特别的味道。我家的小凳子和窗框全是捡回来的,有些因为散架了,或者破旧了,被原主人抛

弃，被我拾回来修修补补，刷刷漆，再放上花儿，摆上杂货，延续它们的生命，旧物华丽新生了，小院也增色不少。

得当的设计是可以将家里的死角区活用起来的，比如我在院子的一处角落设计了田字窗和桌子，它们都是旧物改造的。由于有了桌椅，风和日丽的午后，可以在这里停留，喝喝水，做做手工，翻翻杂志。儿子放学后也喜欢在这里做手工。桌椅区已经是小院里使用率最高的地方了。夏夜，我们干脆把晚餐也搬出来用。在昏黄的灯光下，一家人有的没的闲聊。生活可以是柴米油盐酱醋茶，也可以是琴棋书画诗酒花。

不断增强的DIY能力

空闲的时候，我最喜欢把自己收集到的宝贝挪来挪去搭配找感觉。2018年，家里多了

一位新成员,宠物狗"多多"。为此,朋友送的杂货小沙发改造后正好给它用上,只是多多还没有窝。借着周末休息日,我草草画了张图,老公用铺地板仅剩的少量防腐木料给多多量身订制了一个狗窝。临近圣诞节,我又做了一个花环装饰多多的小屋,题字"特别的爱给特别的你"。花友们连连感叹羡慕狗狗的居住条件,我就权当大家是在鼓励我继续鼓捣杂货,增强亲自动手改造的信心吧。

左页 转眼间两三年过去了,院子也像一个慢慢长大的孩子,在花儿与杂货的点缀下,一天天地饱满丰盈起来

右页上 修修补补,刷刷漆,再放上花儿,摆上杂货,延续它们的生命,旧物华丽新生了,小院也增色不少

右页下 为了展示收到的一个难得的门板,亲自动手砌了一块台面增加空间的层次感。现在它成为院子里一道小小的风景线

机缘巧合下，我淘来几块旧板，纹路和木眼正是自己喜欢的。我寻思着能改造点什么好呢？灵光乍现，我想到杂货里木梯必不可少，那就让它诞生于我的手吧。完工后我摆上绿植，和平时积累的小装饰，不经意的一个小角落又变美了。我一鼓作气，接连又动手改造了花园里的花梯，也是用铺剩下的防腐木做的。我享受着自己动手丰衣足食的满足，儿子也在我们长期DIY的观念引导下，渐渐地动手能力强了起来。这是我玩杂货最有价值的意义之一。

院子里有一块用砖块砌的隔断区域，用来增加花园的神秘感，不至于站在大门口一眼望穿花园内的活动情况。起初这里并没有小木门，因为老公总说不要一口气吃成胖子，后面想到什么我们再利用空闲时间慢慢改善。听他一松口就有希望，我淘了些旧木材，由于没有齐备的工具，小木门做得略微糙，但正合我心意。2018年，我们又陆续改造了花园拱门、藤架、老砖铺的小径。我们把花园当成孩子养，用心地付出。白色背景板是我一直想要实现的想法，终于得以如愿，跟以往未改造以前对比一下，视觉上明朗了许多，也能增加一些高低错落的壁面杂货，让墙面生动起来。

水栓也是我杂货花园里最想实现的元素之一，水栓不仅使用起来方便，还可以作为装饰。我找了很多水栓图参考，最后还是决定自己无拘束地做一个随意造型。总之，适合自己家的，就是最好的。近来最新的作品是一个鸡窝，这是我在看了《食材花园》蠢蠢欲动好几天之后做的改造。依然是从二手板材回收淘的旧物再利用，打制窗框、玻璃窗、木板，最后利用杂货点缀完成，我期待着它投入使用以后能从鸡窝里掏出有温度的蛋。

左页 杂货木梯完工后摆上绿植，和平时积累的小装饰，不经意的一个小角落又变美了

右页 随着季节的变换，花开花落，杂货不同的搭配总让人有新鲜感。没有花的时候，有杂货撑场，花园环境不至于落寞

香草屋
——蕾丝花边版塔莎花园

图 | 药草老师、迷迭香　文 | 药草老师

穿过漫天的樱花雨，站到一条新绿的小巷尽头，眼前是小小的木头椅子、栅栏门和生锈的铁罐。楼梯边薜荔爬在墙上，风灯摇晃着自己的影子，罐头盒里角堇开过了季，已经失去了该有的姿态……往前一步就是香草屋花园。

坐标：日本埼玉县
面积：约 100 平方米
主人：高桥女士

香草屋给人的第一眼感觉是它的颜色：白与绿、纯白、灰白、米白、亮白、深绿、浅绿、中绿、薄荷绿的配色。第二眼是它的质感：搪瓷、玻璃、马口铁、亚麻、棉纱。精致、素雅、静寂，好像一个梦。

日本杂志对它的定义也完全不一致，有的说是法国田园风，有的说是古董杂货风。到底是个怎样风格的花园呢？还得亲眼去看看。

香草屋花园在日本埼玉县，本以为是在一个高雅时髦的市郊别墅区，没有想到巴士一路穿过泛青的田野和河床，下车后还有一段漫长的路要走。拜访正值樱花吹雪的季节，田地中央不断出现一株株硕大的樱花，一阵风起，卷起漫天花雨，在神社边没人的道路上铺天盖地而来。

爬上山丘，穿过新绿初生的小树林，终于找到了香草屋那标志性的入口。二层建筑的房屋不高，做成童话里的小屋样子，爬满了爬山虎和薜荔。一辆小自行车，一个小陶罐，一个小黑板，都是那么日常的道具。忽然间静如止水的眼前一阵波澜起伏，原来是开放的铁线莲'蒙大拿'，有好多年了，盖满了半个屋顶，一片粉白。

香草屋花园的主人高桥女士身着一袭白色衣裙，个子不高，有着一张看不出年龄的小脸，五官细致，衣裙是乳白色的蕾丝，头上围着20世纪初画作里的头巾。

那道杂志里出现过无数次的狭窄的楼梯，仅仅够一个苗条的女士通过。两旁是薜荔、蕨、开败了的铁筷子和常青藤，小叶子、大叶子，长藤子、短藤子，黄花斑、白花斑，各种绿，各种清新。屋门口挂着小挂铃和写着"Welcome"的小猪脸盆，生锈的铁皮小屋模型、白色的铁丝鸟笼。东西可真不少，还好缠绵的木通藤蔓把它们整合起来了。

建造这样的屋子和花园，高桥女士也是受到了塔莎奶奶的影响。特别喜欢蕾丝，就想做一个蕾丝花边的塔莎花园。从屋顶上悬吊下来的蕾丝，密密迭迭，有着一种繁复而柔软的美。

左页 二层建筑的房屋不高，做成童话里的小屋样子，爬满了爬山虎和薜荔
右页 沿着板壁墙是各种观叶植物和香草，虽然都是绿色，但是不同的形态造就了细微的变化

25年前高桥女士开始有了这个花园，那时候日本还没有人做开放花园，高桥女士家大概是第一家。拿出来一叠《我的乡村》杂志，登载着她家的照片。摊开的一页上的她穿着精美的蕾丝衣服，是一篇讲花园服饰的专题，也有完全讲花园的专辑。"以前花园的样子跟现在有点不一样呢。最初的时候种了很多香草，迷迭香、百里香、薄荷等，所以才起名叫香草屋。"高桥女士讲道："我喜欢它们的叶子，都是绿色，但是又有不一样的纹路形状。花园的光照条件不理想，后来就把不适合的香草换成了绣球、薜荔，还有常青藤这类的叶子。有的时候还会加一些附近园艺店买的应季的草花，角堇、金鱼草这些。"

　　从头顶上挂的大大小小的篮子不难看出高桥女士喜欢篮子，这些都是她从各地的古董市场上买的。因为喜欢古董，经常跑古董市场，去年为了去名古屋的绿色集市，还和朋友坐了一晚上夜班长途巴士呢！

　　穿过陈设着搪瓷餐具的小客厅，眼前阳光一亮，是在图片上看过很多次的阳光房。一条厚木板做成的茶台，一蓝一红两把椅子。椅子并不配对，椅背的造型一个圆一个方，椅子脚也是一个折叠一个四脚。一大一小两把搪瓷壶，白身蓝把手，倒是一套的。窗台上一排小小的盆栽，对于畏冷的花苗，真是一个晒太阳的好地方。有报春花、龙面花、摩洛哥雏菊，正在盛开，也有完全还是绿叶的天竺葵和铜钱草。最后它们都被一角球兰长长的枝条和肥厚的绿叶统一起来。

　　料峭的早春，阳光房里是最惬意的地方，也是最适合主人拍照的地方。出门后是极小的花园，其实只是沿着房屋的一长溜狭窄的过道，顶头是座椅和花台。头顶上晾晒着衣物和一个个塑料篮子，高桥女士喜欢用塑料篮子种花，透气性特别好。担心塑料篮子会很丑？"可以选好看的颜色呀。"高桥女士给出的答案就这么简单。别说用旧了的绿色篮子完全没有塑料制品的粗劣感，反而呈现出一种脆弱而又颓废的状态。下面墙壁上装置了木板，挂着挂杆与挂钩，各式各样的旧厨具成为了花园的装饰。也许不完全是装饰，还可以开始一场即兴的下午茶。

　　球兰、日本吊钟和秤锤树，开花的时候一定很美。细细的枝条上山绣球还在孕蕾，玫瑰冒出殷红的新叶，开放了一个冬天的角堇形状已经走形，不好看了，但主人还是不舍得丢。绳子上晾着小手帕还是小台布，用途都不重要了，反正它们在春风里飘着就够美了。

　　在亲眼看过之后觉得日本杂志给香草屋花园定义的法国乡村风的说法不太正确，应该是典型的日本杂货风格。和英国法国的都不一样，完全是自己的风格。香草屋花园有很多做杂货花园值得借鉴的闪光点，设计灵感层出不穷，下面给大家逐一分析。

上左　那道杂志里出现过无数次的狭窄的楼梯，仅仅够一个苗条的女士通过
上右　花园入口处设置了一把小椅子，放置了小花篮来欢迎来访者
下　一辆小自行车，一个小陶罐，一个小黑板，都是那么日常的道具

特别喜欢蕾丝，就想做一个蕾丝花边的塔莎花园

Tips

香草屋花园的28个灵感：

（1）花园入口处设置了一把小椅子，放置了小花篮来欢迎来访者。在家门口放置组合的小花篮似乎是日本私家花园的传统，在很多花园门口都会看到各式各样的小组盆。我们做了组合盆栽常常会不知道放在哪里，这次总算得到了答案。

（2）二层建筑的房屋，上部是被爬山虎覆盖的墙面，下部是板壁、红砖和各种陈列的杂货。如果单看上部会觉得单调，单看下部又会感觉杂乱，这种上下的组合让画面实现了和谐。

（3）入口处的楼梯是用枕木铺设的，在历经风雨后会呈现出古旧柔润的木色，这大概就是为什么木质品虽不耐腐朽，但依然得到人们喜爱的缘故。

（4）沿着楼梯板壁的墙面上爬满了藤本植物，仔细看，藤本分为三个层次：紧贴墙壁的薜荔，叶子小，覆盖力强；穿梭其中的是三叶地锦，也就是常说的爬山虎；再表层点缀的是藤本月季和蔷薇的枝条，有大花的品种，也有小花的英国玫瑰"雪鹅"。丰富的植被层次让墙面更加灵动，不至于死沉沉的绿一块。

（5）薜荔覆盖力强，叶子小，很有块面效果，但过于密集又特别容易显得沉闷。在薜荔中间装饰一只黑铁皮风灯，打破沉闷的色块。

（6）沿着板壁墙是各种观叶植物和香草，虽然都是绿色，但是不同的形态造就了细微的变化。也有新芽是红色的蕨，幼嫩的红色新芽可与红陶盆搭配。

（7）楼梯和房屋之间隔出了一个小小的中庭花园，用红砖围成的花坛里种上一株杂木树，再摆上白色的桌椅，空间虽小却活用到恰好。

下面墙壁上装置了木板，挂着挂杆与挂钩，各式各样的旧厨具成为了花园的装饰。也许不完全是装饰，还可以开始一场即兴的下午茶

香草屋有很多沿着墙壁的隔板，每个隔板的陈设都设定成不同的风格。这个隔板是古典欧洲风，高脚杯、铁器、白色系

（8）狭小的中庭里光线阴暗，绣球是最好的植物选择。但是这么小的空间如果种上一株大花绣球不免过于沉重而显得拥挤，这里选用的是开着细小白花的山绣球，品种名叫做"白扇"。

（9）整个中庭都是用绿白两色来统一，唯一一个变化的色彩是这株悬挂的百可花。淡淡的蓝紫色让周围的白更白，绿更绿，看到这里会感觉有时刻意追求的白色花园不免显得做作了。

（10）从形态上而言，到处都是高桥女士喜欢的蕾丝感：小、碎、密。头顶的小花绣球，桌子上的白钩针台布，还连那盆重瓣钻石霜大戟，也好像蕾丝一样繁复古典。

（11）香草屋有很多沿着墙壁的隔板，每个隔板的陈设都设定成不同的风格。这个隔板是古典欧洲风，高脚杯、铁器、白色系。悬垂的细小绿色藤子在生硬的横线条间增添了动感，当然也不能忽略最上层那只慵懒的白猫咪模型。而另一个隔板陈设的主题是厨房。

（12）黄色手抹墙适合阴暗的环境，有提亮效果，但又不会太过生硬刺眼。如果是白色墙壁，就会抢夺了那株白色绣球的光线感。

（13）手抹墙上刻意露出的一点砖块，有斑驳感。另一种墙面上露出一部分砖块的做法，比较直白硬朗，适合头顶上那个简洁风的路灯。

（14）备下的香草茶，有柠檬、薄荷叶和香蜂草，非常清凉解暑，看起来也是画面感十足。

（15）用洗发精瓶子做的灯罩，看来在杂货的世界里万物皆可变废为宝。

（16）向阳的户外园园，色调同样是冷感的白与绿。地上铺着红色碎石块，与周围的红陶盆一起制造了温暖感。

（17）正值日本的玫瑰季节，看过各种爆花的花墙花海，但是香草屋的玫瑰只有一枝，

69

两朵。对于玫瑰,可谓开多需要技术,开少需要审美。

(18)把日常用具活用到每个场景,装蚊香的不是日本传统的蚊香猪,而是一个小铁皮桶。

(19)新买回的狼尾蕨,还没来得及处理客人就来了,这可怎么办?用一张漂亮的外文报纸或包装纸裹一下,难看的塑料盆就看不到了。

(20)香草屋花园令人感叹最多的是:这是一个720°无死角的花园,什么叫720°?那一定是包括了从下往上看的这个刁钻角度。

(21)爬山虎和常青藤是主角的花园,白色细小的奥莱芹、淡蓝的百可花、粉白的金鱼草,一切尽在柔和中。

(22)主人喜欢的塑料篮子,放上黑铁剪刀和红陶盆,就有了满满的日常感。造型独特的铁艺椅子,好像孔雀开屏。

(23)在尖凸出来的支柱或是铁艺杆子上放一个小陶盆,安全又好看。

(24)同样不准开多花的粉色玫瑰,两朵花,三个花蕾,细细的枝条,营养不良的样子,是"林妹妹"的美。

(25)颜色是蓝、白、绿,因为要搭配蓝色,绿色顺势选了有些偏黄的。如果入手了金叶子的黄绿色植物,你就知道怎样搭了吧。

(26)向阳花园里的工作台,同样有两把椅子,同样是白色铁艺,但是形状完全不同。虽然那么不同,还是可以叫做一对儿。

(27)工具间、杂货储物间的小门上面可以挂上一盆小绿植来装饰。

(28)换个角度看看从上向下俯瞰的入口楼梯,这下头顶的藤蔓显眼了。藤蔓间令人惊喜地出现了一个黑铁的小铃铛。

杂货花园是最近特别受到热捧的花园形式,要做到杂而不乱,货中见品,却是很不容易的。香草屋这座美好的杂货花园就像一座灵感的宝库,一个灵慧而细心的主人则是这一切灵感的源泉。

在水一方，金鸡湖畔

图 | 玛格丽特－颜、毛豆姐姐　　文 | 毛豆姐姐、Chiris

主人：毛豆姐姐 & 毛豆哥哥
面积：约 1000 平方米
坐标：江苏苏州

毛豆姐姐坐落于金鸡湖畔的花园在 2013 年得到了改建，光鲜的花园背后毛豆哥哥可是家里的大功臣。男人认真起来造园子的样子真是帅气，在不断纠结和无数次自我否定后，毛豆姐姐家的花园全新亮相，四月紫藤，五月欧洲月季、铁线莲，六月延绵的'无尽夏'轮番登场……

左页 夏天的花园除了绿叶,还有红叶石楠和红木板

右页 作者喜欢欧洲的小镇,几乎每家每户的窗台上都有叫不出名字的美丽花朵,有种成团的植物一堆堆地开着(原来那些是绣球)

　　毛豆姐姐和毛豆哥哥的花园大家都不陌生，二人坐落于苏州金鸡湖畔的园子曾被媒体评选为中国最美的私家花园。花园里那三棵倚墙而生的紫藤盘结成密实的网，铺满房子的外立面，四月飘逸的紫色花瀑倾泻而下，给人留下深刻的印象。毛豆姐姐和毛豆哥哥对于花园的最初觉悟，应该是从20年前的欧洲游开始的。他们喜欢欧洲的小镇，几乎每家每户的窗台上都有叫不出名字的美丽花朵（后来才知道大多数是天竺葵），每户院子里都有月季热热闹闹地盛开，有种成团的植物一堆堆地开着（原来那些是绣球），每个看似有点历史感的房子外面都爬满了绿色的叶子（爬山虎）。他们喜欢拍所到之处的花花草草，或跟它们合个影，想来这就是二人最初受到的园艺启蒙教育。

　　回国之后，俩人便开启了他们的园艺之路。由于一起走过的地方很多，阅花园无数，自然学习吸收到不少精妙的造园经验。再加上花园本身面积就很大，可以发挥的空间富余，周边的景致也不逊色，2011年，毛豆姐姐和毛豆哥哥的花园就在微博上火了起来。不过这些已经"翻篇儿"了，2013年，因一家人的生活发生了新的变化，他们又对花园重新进行了升级改造。改造后的花园出落得更加美丽动人，有让人步入其中就再也不想出来的魔力。这幕后的大功臣毛豆哥哥可是功不可没。正应了人们常说的那句话：你负责在花园里花容月貌，我负责为你建造一座爱的园。由此想来，热爱花园的男人都是爱老婆和爱家庭的综合体。

温婉细致的园之笔触

来到花园的入口处就已经被美哭了，漆刷得火红的邮箱，在适宜季节里簇拥的花团和参天的大树，几乎与国外人家的花园亦无两样。沿着蜿蜒的石板小径向前，从一旁矮丛里伸长脖子的石鸭像是庄园里的仆人在夹道欢迎。毛豆哥哥为这条由侧院延伸出去的小径搭配了修剪考究的灌木绿化带，一丛一丛的黄杨球被剃得圆滚滚的，夹在景观间，提升了花园的品质感。如果你的花园面积够铺张，那就计划着在适当的位置栽些树，树木乃花园的骨骼所在，栽培一棵品种优良的树木，悉心地去培养呵护它长大，将来它一定会成为你花园中可以传承的宝藏。

小径在前方突然劈开，岔成三条通往不同方向的三岔路口，分别呈现不同的景观。拐向花园的主景观区——紫藤露台区，这里就是当年让毛豆姐姐花园名声大噪的核心区域。应着惊呼声出现的是把半个房子包裹得严严实实的紫藤，夏季藤叶碧绿，春季花串垂坠，好仙的画面。三棵紫藤爬在毛豆姐姐和哥哥为它们打制的攀缘藤架上，一路向上，爬得海阔天空。这些成为毛豆姐姐家花园标志物的紫藤是2003年来到屋脚下落地生根的，来时没想到会长成现在的规模。大概植物也是有灵性的吧，跟对喜欢的主人，花为悦己者容。即便对它们三个重剪过一次，依然不妨碍它们疯长，与房子融为一体。恰好紫藤生长的这一面也是花园面朝金鸡湖水的一面，花掀起的两层楼高的紫潮与碧波湖水遥相呼应，美哉，乐哉！

露台休闲区除了紫藤还安置了遮阳伞，以及轻巧便于挪动的户外家具，紫藤开始出花苞的时候，就要忙碌起来了。毛豆姐姐开始策划各种圈子的花园派对，有人说花园和烘焙是绝配，所以毛豆姐姐不得不更新一下手艺，义无反顾地投身烘焙的"大坑"，每次聚会总能拿出各种花样的点心，用百香果熬花蜜冲水，自制消暑饮品。要做就要做得像模像样，毛豆姐姐特意为花园派对置办了用品，下午茶的排场不输五星级酒店待遇。

如果说苏州园林是中国私家园林的代表，那么毛豆姐姐家的花园就是当代苏州私家花园的代表，在造园布景方面有着许多值得大家学习借鉴的经验。她的花园经过多年养护和升级，状态成熟，各处景观的呈现考究，软硬景观穿插的比例适宜。面对露台休闲区的草皮小径如玉带般飘入眼帘，被周围丰饶的植被层层包裹，配合松松紧紧的花境罗列，既带出层次，又不失立体美感。

左页上 在适宜季节里簇拥的花团和参天的大树，几乎与国外人家的花园亦无两样

左页下左 江南花园的秀美气质自然少不了容器花园的衬托和小巧的园艺小品

左页下右 将自己手编的花器往树枝上一挂，插上新鲜采撷的花草，诗情画意便在不经意间得到升华

左页 一丛一丛的黄杨球被剃得圆滚滚的,夹在景观间,提升了花园的品质感

右页左 推开一扇儒雅的中式小门,眼前豁然开朗,平静的金鸡湖近在眼前

右页右 小径在前方突然劈开,岔成三条通往不同方向的三岔路口,分别呈现不同的景观

水乡花园的时代脉搏

江南花园的秀美气质自然少不了容器花园的衬托和小巧的园艺小品。毛豆姐姐采购了一些水缸花器组合盆栽,往外一摆,花园的各处角落即刻就多了亮点。她将自己手编的花器往树枝上一挂,插上新鲜采撷的花草,诗情画意便在不经意间得到升华。花园里有一座现代式样的拱桥连接水景两岸,简洁的桥身线条彰显了苏州园林里桥的时代变迁。溪石水瀑所在的位置曾经是一个小的戏水池,供小孩在里面玩水。如今孩子们已经长大,这个区域便登上毛豆哥哥的改造清单,改作他用。收纳园艺工具和放置杂物的杂物间的打造也不含糊,毛豆哥哥为小屋设计了茅草屋顶,在层叠的彩色植物带的映衬下,远望杂物间就像澳洲的海滨度假屋。

由于占据小区把头的位置,毛豆姐姐家的花园显得可支配使用的面积比其他人家富余

些。所以说，买房子挑花园也是大有学问的，先要搞清楚自己想要什么。推开一扇儒雅的中式小门，眼前豁然开朗，平静的金鸡湖近在眼前。后门与金鸡湖衔接的地带属于小区业主私享的公共园区，面朝水域视野开阔，湖对岸苏州古城的旧貌换新颜尽收眼底，抬眼便可瞧见市中心的地标建筑。毛豆姐姐和毛豆哥哥在水岸边铺设了木甲板，建起一个小型的摩托艇码头，有朋友到访时可以即兴地在金鸡湖上骑艇兜上几圈，过把风驰电掣的瘾。洋气的水上运动项目和惬意的生活情调，会让人恍惚以为身在澳大利亚的黄金海岸，然而这里是古朴与现代并存的"水乡"苏州，只不过有一对热爱生活、勇于实现梦想的人在此乐居而已。

湖边一亩三分地，
春有百花秋有月，
夏有凉风冬有雪；
若无闲事挂心头，
便是人间好时节。
花园就是生活方式和情怀。

左页 如果说苏州园林是中国私家园林的代表，那么毛豆姐姐家的花园就是当代苏州私家花园的代表

右页 花园里那三棵倚墙而生的紫藤盘结成密实的网，铺满房子的外立面，四月飘逸的紫色花瀑倾泻而下，给人留下深刻的印象

六叔的百花园
——露台之上圆种花梦想

图文 | 玛格丽特 - 颜

主人：六叔
面积：四楼露台 20 平方米、培育区 20 平方米、五楼露台 40 平方米
坐标：江苏苏州

雨后清晨，一层薄薄的阳光渐渐洒满露台。四月的空气微凉，围栏上的五叶地锦却已开始疯长，昨夜还是一点点嫩芽，今晨已叶片齐全。几只早起的鸟儿在枝叶繁茂的樱花树上鸣唱，墙角的绣球花蕾初绽，爆盆的欧洲月季滟滟地开着。

主人说：

我是一名年近50岁的中年男子，养花20余载，也只算得个业余的"专业"园丁。之所以说业余，是自己因为所从事的工作与园艺毫无关系。平时工作忙，有一个200名员工的企业需要管理，每天早上6:50准时出门，晚上7点才能到家，几乎没有周末。但是这20多年来我每天都挤出至少两个小时种植养护花草，从这点上来说应算个资深的"专业"园丁……我始终保有一颗热爱园艺、热爱大自然的赤子之心。

从山茶花到种菜的园艺之路

百花园的主人六叔，给人的第一印象是一个温文儒雅的企业家。"人特别好！"每个和他相熟的花友都会这样介绍六叔。"会挣钱，会种花，还会做饭。"听到大家的评价，六叔有些害羞，却并不否认。问六叔是从什么时候开始种花的？六叔打开话匣子爽快地回答："从小便开始种花了。"六叔的父亲是当地一位颇有名望的老中医，小时候别人家种菜，父亲却在菜地里栽植各种花草，六叔便跟着他学

左页 闲暇时间在花园跟家人、朋友聊聊天，就是最美好的时光
右页 工作再忙，每天也会抽出时间来打理花草，看着心爱的植物茁壮成长，身心的疲惫也渐渐散去

浇水、施肥、修剪、养护。种花这件事就这么渐渐地深入骨髓，成了六叔未来生活中不可缺少的一部分。

工作后买房子，六叔一直有个执念，要么顶楼，要么底楼，就是为了必须有块地方种花。工作再忙，每天也会抽出时间来打理花草，看着心爱的植物茁壮成长，身心的疲惫也渐渐散去。

那时候六叔在种山茶花。因着对家乡的眷恋，六叔对山茶花情有独钟，曾经梦想这一生要收集齐山茶花的1000多个品种。后终因财力精力的限制，在收集到100余盆山茶花时不得不放弃了。

2011年，六叔购置了现在这套房子，凭着小时候在农村生活的记忆，六叔开始在楼顶上种菜，甚至还一度种过小麦。家里的蔬菜长

左页 种不是种菜种小麦或播种一大堆郁金香、百合那么"简单粗暴",原来花园可以美得令人陶醉,花园生活的美好令人向往

右页 因为植物花卉数量众多,六叔给露台取名为"百花园"上面摆满各种花卉及装饰品,层次鲜明

得旺，吃不完，拿去送人，最后多到连送人都消耗不掉，扔掉又觉得可惜，六叔便开始养花。曾经大手笔地一口气买下2000元的郁金香种球、3000元的百合种球，种了满满一露台，可是到最后，连花也过盛到送不出去的地步。好好的潜心种花变为了闹心。六叔买过各种花卉，见到好的就买，导致家里的露台杂乱无章，让人又爱又恨。

六叔说，那段时间是他园艺路上最迷茫的低谷期。

改造露台进行时

2015年，一次偶然的机会让六叔结识了园艺圈里的几位苏州花友，尤其是去心妈的花园参观，一下子让他找到新的园艺方向，"原来花园是这么玩的！"回去后，六叔下定决心要改造他的露台花园。然而找庭院公司设计了一稿又一稿，依旧离满意差着点儿距离。现在的露台花园及软装设计邀请了四川成都的桦做指导，桦被六叔的园艺热情所打动，同样被打动的还有设计师军焰。

就在六叔完成露台改造施工，对着之前买的一大堆植物无所适从，不知道该如何布置和种植时，军焰给予了他热心的帮助和指导，并数次亲临现场参与。六叔自然也成了军焰的徒弟，跟着学到不少造园知识，慢慢地掌握了花境的概念。初具规模的百花园2018年参加第四届中国园丁奖，获得露台组艺术奖。这让六叔一下子有了巨大的成就感，对他的百花园有了更高的要求。为了使百花园再次升级，六叔特地请教同在苏州的心妈和Coco，一次又一次商讨软装方案，布置、调整，今年春天的百花园变得越来越有样儿。

六叔的夫人本来对种花不感兴趣，六叔有时候还忍不住嗔怪："以前我忙到12点回家，她也不帮我浇水。"如今随着百花园的升级改造，夫人也发现种花可不是种菜种小麦或播种一大堆郁金香、百合那么"简单粗暴"，原来花园可以美得令人陶醉，花园生活的美好令人向往。渐渐地，她也加入到园丁的队列，说起自家的百花园，一脸的喜悦和骄傲。

上 路面采用不规则的石板及碎石铺设，花池则采用青砖围砌

下 室外左侧布置有一处育苗区，一些开完或状态不好的盆栽花卉都会统一集中到该区域进行修整、培育，待花期来临再搬到休闲区展示摆放

百花齐放百花园

因为植物花卉数量众多，六叔给露台取名为"百花园"。

百花园坐落于屋顶露台，分上下两层，下层是四楼，室内部分布置有一个工具房，目前工具房仍处在改造调整阶段。室外左侧布置有一处育苗区，一些开完或状态不好的盆栽花卉都会统一集中到该区域进行修整、培育，待花期来临再搬到休闲区展示摆放。一些会复花的球根，如朱顶红、洋水仙、葡萄风信子等，也被安置在这里过渡。另一部分就是六叔精心布置的杂货风休闲区，其中最吸人眼球的是一棵巨大的"橙之梦"枫树，它的枝条茂盛，金黄色的叶子在风中飘舞，仿佛在欢迎客人的到来。围着"橙之梦"搭配绣球、玉簪等耐阴植物，这一处花境结合台柜自然地将休闲区分割为前后两部分，靠围栏的一侧相对布置了一桌两椅，在通往五楼的楼梯旁则布置了一个多层操作台，上面摆满各种花卉及装饰品，层次鲜明。楼梯下面凹进去的位置，正好做了一个洗手台，犄角旮旯的位置都被合理利用起来，为六叔争取到更多的户外空间。楼梯的扶手也被充分利用，爬上了法国香水和金银花。

五楼露台是百花园最主要的区域，面积有40平方米。路面采用不规则的石板及碎石铺设，花池则采用青砖围砌。由于露台种植难

度大,加之六叔平日里工作繁忙,露台上主要以一些耐寒耐晒且中等维护的植物为主,采用枫树、樱花以及蓝冰柏等柏类为主体的植物架构,一到春天,怒放的樱花和各种颜色的枫树一下子让露台靓丽了起来。两侧花境里的植物种类繁多,兼顾四季不同的花期,也会在萧条时期穿插一些球根等应季植物"救急"。沿着石子路转弯,在西侧的尽头花池里布置了一个水池,背后的木栅栏上爬着彩叶的五叶地锦,花境里有高大的垂枝樱,以及好几个品种的枫树,喜阴的绣球、杜鹃、大吴风草和蕨类植物错落有致,前景的玉簪、黑龙、银边细叶麦冬、花叶筋骨草,色彩丰富异常。

一旁便是廊架下的休息区,这里预留了较大空间,可供八人同时在此休闲玩乐,六叔经常邀请心妈、coco等朋友在这里品茶,聊花园;作为厨艺高手的六叔,也常会给大家露一手做一顿美味大餐。夜幕下的百花园,巨大的风车茉莉棒棒糖开满了花,露台飘散着沁人的甜香,夜空下,看得到不远处楼房的灯光,在都市里,怀揣年少时种花的梦想,享受美满的花园时光,六叔的脸上不禁露出满足而惬意的笑容。

六叔造园心得:"虽然我对花园布置是个初学者,但在几位老师的帮助下,近些年成长迅速,在此给刚刚投身园艺的初学者一些经验。建议在初学时多动手,多拜师学艺,促进成长。"

像画画那样创作花园

图 | 范嵘、玛格丽特-颜　**文** | 范嵘

主人：范嵘
面积：80平方米
坐标：江苏苏州

每个人的花园都是一幅画，园丁就是创造它的画家。我有一个小小的花园，随着季节变换呈现不同场景，就像一卷卷有生命的画作，聆听那时的风，诉说当时的心情。

一直以来，我都相信自己爱养花与祖父的遗传基因有关。老宅的大天井曾经是祖父种满月季、牡丹的花园，画眉、绣眼在这里婉转啼鸣。祖父擅丹青，尤擅花鸟。种花养鸟，使他的画作更为传神。

心无旁骛的花园时光

我的小花园面朝西南，背靠家里的外墙，左右与邻家隔着矮墙，前方是贯穿小区的一条小溪。三分之二的面积铺设了木地板，其余不多的土地塞满了各种我喜爱的植物如绣球、木香、月季、绣线菊、铁线莲、三角梅、白娟梅以及各种球根，还有各色的观叶植物，矾根、南天竹、绿杉、香松等，构成色彩丰富的陪衬；宿根植物滨菊、落新妇、玉簪、荷兰菊、龙胆等，则会在蛰伏后给我带来不一样的惊喜。

我守在花园里除草、施肥、修剪，看绣球、月季爆发出亮泽的新芽，铁线莲冒出无数毛茸茸的新叶和花苞。整个冬季都在开花的石竹又萌发出无数新芽，数月前下地的木香此时密密的花蕾已布满枝头，今年的花开一定会更壮观吧？去年太晚做的蓝雪花棒棒糖才爬到球里，今天重新绑扎，撸去侧芽，等待夏天的惊喜。

忙碌中抬眼望向春日暖阳下靓丽妩媚的洋水仙，让我想起童年时光，那个扎着小辫、蹦跳着穿过弄堂的小女孩。

彼时，在她心中大概没有什么能比邻家那个带画室的小花园更有吸引力的了。分明还记得那卵石铺就的小径、太湖石的假山、花池的丝带草里卧着绿釉的瓷青蛙，大水缸里红色金鱼幽幽摆尾。那是十年浩劫刚刚结束的年代，物质匮乏，生活粗陋，这几十平方米的小院却如此超脱凡尘。

就像此时，我正坐在自家的小花园里捧一杯茶，闻着花香，忘却院外的焦虑，与花草为伴，感受生活的精彩。然而早两年以前，我的花园并不是现在这个样子……

望着窗外的猫受主人影响，脑中也在构思一幅画

填土造园，我是看官

　　当时三分之一的土地是低于木地板50、60厘米的绿化带，除去灌木以外，一棵巨大的杨梅树树冠覆盖了小院一半的面积。迫于时间仓促，工作压力特别大，无奈之下我将造园的工作交给园艺公司。他们的两条建设性意见，至今我都觉得明智。第一，杨梅树必须舍弃，否则任何种植都是空谈；第二，填土抬高地基，利用仅有的三分之一土地做花境。三月雨季的填土作业过程艰苦，整卡车的泥土需要人工一点点抬进院子。沿着小溪的那一边，工人要用一根根木桩钉入地下做成围栏才能包围住。不过园艺公司的花境布局遵循固有的传统造园理念，将土地的大半做成花境，小半部分留做草坪。花境布置了大花绣球、绣线菊、玉簪，还有蜡梅、紫玉兰、黄杨、凌霄、羽毛枫等。与左邻右舍相隔的白色矮墙则用错落的竹篱笆做了围挡。那时对于既没有经验又没有时间的我来说，全部种满已然心花怒放。

左页　花园一隅也有别致的风景

右页　坐在自家的小花园里捧一杯茶，闻着花香，忘却院外的焦虑，与花草为伴，感受生活的精彩

转变风格,亲自上阵

2019年3月,一个阳光灿烂的春日周末,我闲逛到一家园艺杂货店,里面有很多稀有的进口植物品种、琳琅的杂货,各种做旧的花架、摆设营造的是场景式的购物氛围。那次不经意间的偶遇使我石破天惊般觉悟。原来,仅靠买一些盛开的花根本谈不上园艺,欧式花园的架构,除了风格一致的杂货、盆器,重点需要规划与之匹配的植物品种和背景。于是我痛下决心,谋划着花园的改造。自此,花园真正开始注入我自己的灵魂。

我用白色的网格加木片代替三年风吹日晒已经开始腐烂的竹篱笆,形状、尺寸全是自己手绘给工人的。顿时欧式风代替了村野风。从一个花友那得到灵感,我把旧木市场淘得的旧木门窗刷上蒂芙尼蓝镶嵌其中,打破大片白色的单调,从视觉上缔造出空间的延伸感。大片土黄色的水泥外墙显得有些碍眼,我便冒出大胆的想法:把土黄色水泥墙改造成一个美式木屋的外立面,色彩选用蓝白搭配。先生此时也开始对我刮目相看,伸出援手,这面精彩的蓝白色系装饰墙是工人按他手绘在墙上的效果图做出来的。

左页 蒂芙尼蓝调门窗也由此改为蓝灰色

右页 修修整整,调调改改,在园艺的世界里,不断地审视和修正,也在调整的过程中获得了巨大的乐趣和成就感

调整色彩，精益求精

　　看过很多经典的花园案例，大片的草坪、流水淙淙的鱼池、烂漫的花墙、相得益彰的建筑……每个花园，因朝向、面积、纬度、园丁的审美和追求，而呈现出独一无二的样子。鉴于我的情况，必须因地制宜，在有限的空间基础上全面考虑光照、通风、高低、疏密、品种和色彩，体现花园鲜明的个性。因此，2020年初春我开始了第三阶段的调整。

　　百花齐放难免姹紫嫣红，色彩一多容易显得小空间杂乱无章。相比之下，和谐的冷色调制造出的安静氛围对我有强烈的吸引力，所以开艳丽橙色花且根系侵占性太强的凌霄首先被我挖掉，代之以安静的木香。我不喜欢紫玉兰的颜色，嫌它遮挡阳光，它也被狠心挪走了。去年刚做的白色背景墙也让我觉得越来越不安，雪亮的白色永远无法退后，违背了画画的基本原则，特别是在阳光照耀下，白得刺眼，反而衬得花色暗淡。我用丙烯颜料调成理想的蓝灰色，这种沉稳的冷色调让花园色彩在视觉上更为统一，背景色自然而然地隐退。蒂芙尼蓝调门窗也由此改为蓝灰色。

　　羽毛枫始终和我要的风格不协调，我用欧洲木绣球取代了它的位置。日式风格的黄杨也被移走了，这样去年种下的铁线莲和小木槿棒棒糖可以舒展些，下部空间是德国鸢尾和大花葱的位置。

　　修修整整，调调改改，在园艺的世界里，我不断地审视和修正，也在调整的过程中获得

园艺是立体的画面。在植物的选择中不仅要考虑到俯视的色彩搭配,也要照顾到平视的高低错落、疏密宽窄。既要有集中,也要有留白。既要有匍匐、低矮的,也要有高大的

了巨大的乐趣和成就感。不仅学到种植,也精进了摄影技术,感悟良多。园艺是一门综合的艺术,值得你一生拥有。

且把花园当画作

大学时期我进修的染织美术设计专业,当年学习设计丝绸纹样是为丝绸印染行业服务的,如今这个行业几乎不复存在,但纹样设计的惯性思维和审美方式渗透到我的思维中。在丝绸图案设计中,花卉是一项重要课题,讲究"花"和"地"的处理,即主体和陪衬之间的关系。花园规划中,我们好像在用植物作画,与一般绘画有所区别的是以下几点。

◎园艺是善变的画面。植物随着季节变化,从萌发、鼎盛到衰败,不会按你的预期保持不变。这也正是园艺的魅力所在——有急不来的期盼,也有留不住的灿烂。

◎园艺是立体的画面。在植物的选择中不仅要考虑到俯视的色彩搭配,如佛甲草明亮的草绿色、马兰的黑紫色、南天竹的火红色……也要照顾到平视的高低错落、疏密宽窄。既要有集中,也要有留白。既要有匍匐、低矮的,也要有高大的。

◎园艺是有生命的画面。植物有各自的生长习性,对温度、日照、湿度的需求各不相同,不能一厢情愿地把"志趣"不相投的品种放在一起。

◎园艺是岁月的画面。园艺无法一蹴而就,无论你多么愿意花钱、下工夫,刚栽下的一定不会即刻自然地融入。假以时日藤蔓才会缠绕廊架,鲜花才会开满拱门,苔藓才会爬满步石,请给予耐心等待。

赏心乐事谁家院
——我们的食材花园琐记

图 | 木纽扣　**文** | 弦酒

主人：木纽扣 & 弦酒
面积：60平方米
坐标：江苏昆山

综合家里人的需求，为了上一辈的人能过上退休种菜的安乐晚年，为了我们这一代努力打拼的青壮年实现建造花园的理想，也为了下一代人能够从小亲近土地，感受劳动的充实。我们决定打造一个兼顾美观与实用的食材花园，满足三代人的愿望。

我们是一对"80后"夫妻，都是医务工作者，每天在同一个单位上班，从相识、恋爱、再到结婚、生女，携手共度将近15年的时光。我俩的性格都属于安静内向型，因此园艺成了我们工作之外最大的业余爱好。开始我们也是"小白"两枚，经常浏览踏花行、藏花阁这些国内比较大型的园艺论坛，在几平方米大的阳台上捣鼓数年，因为条件有限，也只能种些应季的草花，然而我们的花园梦却越来越强烈了。

我想有一个既能看又能吃的花园

事情的转机出现在2014年夏天，当时陪同亲戚看房的时候，看到了现在所住的这处院子，一下子就在心里"种草"了。最后思忖良久，在手头紧张的情况下还是决定入手了。现在回想起来，做这个决定，对园艺的喜好起到了主导因素。还记得签完合同后，我们激动得睡不着觉，憧憬着未来的规划，每天冒出各种想法，恨不得想把所有喜欢的植物都种进来，还好并没有，这都归功于我妻子的合理设计和控制种植的欲望。

我们的院子为朝南向，光照极佳，形状呈规则的长方形。我们喜欢的花园类型是自然休闲的乡村风格，因此就把院子的打造定位在美观兼顾实用，且低维护的小花园种类。从前往后，格局共分为院子围栏外狭长的种植带，这里主要应用大丽花、百合、雄黄兰、唐菖蒲等花卉形成夏季热烈的花境；进门小路左边用防腐木打造出九张规整的种植床，其间以砾石铺

左页 院子为朝南向，光照极佳，形状呈规则的长方形

右页 把种植区的大部分都变成现在的食材种植区。花园就是最天然的博物馆，能从多感官引导孩子热爱自然，保护环境。莳花弄草，种菜摘果，物我两忘，宠辱不惊

面，种植应季蔬菜；右手边用红砖砌出边界线条，种植各种灌木、宿根花卉；再往前到了防腐木铺地的活动区，左手边种有一株垂枝樱、四棵蓝莓，沿边用球根装饰；右手边是用小方砖砌出的洗手台，放置多肉及各种盆栽；院子尽头是房子的檐廊，左手边靠墙放置着一张园艺桌和风灯等摆件，形成一点杂货风，右手边是一扇拱形窗，窗台上摆满了应季的草花。

我们的院子虽然不大，但是每一处土地都得到了充分的利用，规划得井井有条，所带来的景致和园艺生活也就相当丰富。近年来国内外都开始流行可食用花园的风潮，也称食材花园。想起当初设计花园的时候，我们和老人也曾有过争论，老人偏向于种菜，我们喜欢养花，如何能够兼顾呢？后来机缘巧合地看到一部BBC的园艺纪录片——食材花园，对我们影响很大。最后我们商量决定把种植区的大部分都变成现在的食材种植区。其一，能实现老人退休后田园生活的愿望。其二，从小让孩子认识常见的食材与昆虫开始参与劳动，品尝自己的成果。花园就是最天然的博物馆，能从多感官引导孩子热爱自然，保护环境。

左页 有温度，有诗意的栖居，这才是心灵深处的桃花源

右页 院子虽然不大，但是每一处土地都得到了充分的利用，规划得井井有条，所带来的景致和园艺生活也就相当丰富

左页　再往前到了防腐木铺地的活动区，左手边种有一株垂枝樱
右页　通过这几年的努力，园中蚯蚓多了，青蛙、小鸟也都来光顾了

食材花园的生态日常

经过几年的实践，关于食材花园的有机种植我们也总结出自己的经验。我认为首先要重视堆肥的使用，循环利用厨余垃圾制造堆肥，尽量不使用市售的肥料。自己制作的堆肥心里有数，用得放心。其次，使用生物和物理防虫法，尽量不喷洒化学农药。我们的原则是食材区坚决不用农药，而是手动捉虫，或用辣椒大蒜水驱虫，观赏花卉可少量预防用药。重视生态链的完整性，即使再小的花园也有自己的生态链，害虫、益虫、细菌、土壤、水，这些都是环环紧扣的，尽量减少人为干预。通过这几年的努力，我们发现园中蚯蚓多了，青蛙、小鸟也都来光顾了。应用轮种、间种等方法增加作物产量，美化花园。如金盏菊、万寿菊可防治某些虫害，旱金莲可以吸引蚜虫减少其对作物的危害，还有一些大家熟知的组合，比如罗勒配番茄，虾夷葱配草莓均是最佳搭档。

自从有了这个小庭院之后，我们不仅实现了多年的心愿，我俩的生活也发生了很大的改变。现在只要一回到这里，所有的烦恼和不快就会自动消失。我和妻子的交流也不再局限于工作上的琐事，花园里的日常成了我们夫妻俩津津乐道的话题。"今天从花园里路过时看到什么菜冒出新芽了……这周末该把哪个区域拾掇整理一番……"我们忙里偷闲享受食材花园所带来的无尽乐趣，我俩也由当年的"园艺小白"成长为经验丰富的"快乐农夫"，莳花弄草，种菜摘果，物我两忘，宠辱不惊。春天站在窗前，看花开花落，云卷云舒；夏天听蛙鸣阵阵，采摘瓜果，仰望星河；秋天约三五好友，品茗赏月，畅叙人生；冬天听北风呼啸，煮水煎茶，围炉观雪。这才是我们想要的有温度，有诗意的栖居，这才是心灵深处的桃花源。"时坐花间林下，却也上班挣钱，眼前红尘万丈，心中一尺丘山。"感恩遇见园艺。

Tips

浅谈食材花园植物原则

1. 同种植物尽量选择花叶、彩叶品种,这样即使非花期,也可大大增加观赏效果。

2. 选择适合当地气候的植物品种,而不是那些所谓名贵或热门的植物品种。

3. 尽量避免大量种植同一种植物,即使你喜欢,也要克制。这样做是为了避免发生病虫害时出现全军覆灭的情况,要知道每种植物的抗性和易感性都不相同。

植物如人,在朋友的帮助下能生长(发展)得更旺,登对的植物凑在一起就会促成双赢的局面,道不同不相为谋。那么哪些植物适合种在一起,相互扶持着成长呢?

其中一条要拿捏好的就是互补原则。比如说高的植物可以为贴地型植物遮阴,某些植物可以为它们的近邻驱虫,展现出绅士风度。反过来说,某些植物就不适合长在一起,要么相互阻碍了生长,要么吸引相同的害虫。

卷心菜好吃,因此也容易招致粉纹夜蛾和菜青虫的惦念,怎么办?在旁边搭配上洋葱种植就不会有虫跟我们抢菜吃了,而且卷心菜并非唯一受益的一方,洋葱也跟着沾光,靠间隔其他作物而减少洋葱虫的滋生。除了跟卷心菜搭档,洋葱还可以和花椰菜、生菜、菠菜、羽衣甘蓝、球芽甘蓝组合。不待见的种类有豆角、豌豆、鼠尾草。

胡汉三的北麓花园

图文 | 胡汉三

主人：胡汉三
面积：167 平方米
坐标：湖南长沙

对于拥有花园这件事，我贪婪的欲望从没有被满足过。从养几盆绿植到种一屋顶的花，再到现在已有雏形的花园，我总是觉得不满意，永远觉得这里那里都需要改变。

在造园之前,我就为花园取了名字,她叫"北麓"。

因为房子正好在长沙谷山之北麓。南方多雨雾,有时候一抬头,就能看见云朵在山林间缱绻。

转眼,"北麓花园"已满一岁。园艺爱好者最确幸的事,莫过于亲手参与一座花园的新生、成长,看着一地的薄弱贫瘠到渐趋丰满。此间辛劳不必赘述。

为了这个新房,我割肉一般卖掉了之前带露台花园的房子。新花园是一个联排别墅的西边户花园。有南、西、北3个部分,总面积大约在167平方米左右。

收房之后,我没有急于开工造园,而是没事就去花园里溜达,什么也不做,只望着光线在地面移动——规划一座花园,一定是从考察光照开始的。

采光最好的南花园,一半做种植区,留给喜光的植物,一半用作休闲区。西侧花园很适合绣球、双色茉莉、矾根之类半日照植物。北花园靠墙处光照不足,又远离休闲区,很适合作为操作和储物区,布置操作台、清洗区和收纳肥料工具的杂物柜。

我把休闲区留得很大,可以摆得下2.4米的长桌。在休闲区的木地板下设置了两个活动盖,一个是鱼池过滤设备,一个是沙坑。因为家里有一个对沙子有着迷之热爱的小男生。沙坑盖子合上以后,外人完全看不出来。顶棚盖了钢化夹胶玻璃,下雨天孩子也可以在沙坑里打滚,沙坑旁边就是鱼池,打点水来玩也很方便。

出于安全方面的考虑,鱼池做得很小,很浅,水面2平方米,水深不到40厘米。但是种点睡莲、鸢尾,养几尾红艳的小鲫鱼还是足够了。

为了遮掩南花园那堵70厘米高的矮墙,我做了一溜儿层次错落的花坛。其他的种植区则分散在花园各处,类似岛状花境。因为种植区分散一些,小一些,更方便随时随地打理。太宽和太长的种植区会在维护的时候很麻烦——

左页 西侧花园很适合绣球、双色茉莉、矾根之类半日照植物

右页 园艺爱好者最确幸的事,莫过于亲手参与一座花园的新生、成长,看着一地的薄弱贫瘠到渐趋丰满。此间辛劳不必赘述

左页上左 家里有一个对沙子有着迷之热爱的小男生。沙坑盖子合上以后,外人完全看不出来

左页上右 搭配植物的时候,色彩、高度、观赏季节这类要素常被提及,植物的姿态比如叶片大小、质感却容易被忽视

左页下 鱼池做得很小、很浅,水面2平方米,水深不到40厘米

右页 作者一直很偏爱白色、粉色、紫色、蓝色等偏冷的花色了

有时候你都找不到下脚的地方。

为了自己的膝盖(拔杂草的工作量太大了),也为了"铁锅"的健康,我放弃了草坪。铁锅是一条毛深肉厚的柯基犬——因为毛深,如果被草地里的寄生虫咬了很难及时发现,也更容易得湿疹;他精力旺盛,喜欢四处奔跑,一定要有宽敞的园路给他放飞自我。

所有种植区的土壤都经过了改良。把土层挖去了约50厘米,找了个拖拉机从附近山里拉来几车园土,掺了中粗泥炭、珍珠岩、椰糠、有机肥拌匀——泥炭是非可再生资源,但新花园又没有堆肥可用,我只能尽量减少了泥炭使用量,等将来花园生长起来就有条件制作堆肥了。

花园里有一棵垂枝樱,是我开了很久的车去远郊的苗圃找到的。我实在太喜欢这类蔷薇科木本了。早春开花粉白细碎,夏天枝叶扶疏,秋季黄叶,冬季落叶不遮光,树形又很是飘逸潇洒。我还选了一棵'火焰梨花',一棵'女神樱花',都是还没有在国内家庭园艺界推广的新品。

我把一棵樱花种在花园西南角,想着夕阳下,光线打亮每一片树叶,应该是极温柔的吧。另一棵打了顶,种在水池边,看上去就像一把水边撑开的小伞。

搭配植物的时候,色彩、高度、观赏季节这类要素常被提及,植物的姿态比如叶片大小、质感却容易被忽视。但园艺这门实验美学，每个人的理解太私人化了，往往还没什么道理可讲。比如我很早就确定了自己喜爱的花园色调。个人一直很偏爱白色、粉色、紫色、蓝色等偏冷的花色。黄色、红色、橙色这类暖色系的花朵，当然也是美的，可我偏偏不喜欢。何况，若是想让花园的色调亮起来，不一定需要花色艳丽的观花植物。比如彩叶植物就是一种很理想的存在。

"浅喜似苍狗，深爱如长风。"肤浅的喜欢就像白云苍狗，变化莫测；而深切的热爱，则像长风一般相伴左右，虽无形却不会轻易消逝。这样的句子，用来形容我们与植物、与花园之间的情感，是多么的贴切。对植物与园艺的热爱，绝不若浮云一般轻易消散；而植物和花园陪伴着我们，又何止是长风一般的深情？

左页上 浅喜似苍狗，深爱如长风

左页下 为了"铁锅"的健康，放弃了草坪。铁锅是一条毛深肉厚的柯基犬

右页 若是想让花园的色调亮起来，不一定需要花色艳丽的观花植物。比如彩叶植物就是一种很理想的存在。对植物与园艺的热爱，绝不若浮云一般轻易消散；而植物和花园的陪伴，又何止是长风一般的深情

小隐奶奶的仙女杂货花园

图 — 药草老师、迷迭香　文 — 药草老师

小隐奶奶的花园以白绿色调为主，鲜有靓丽的颜色跳出，气质清新淡雅，跟喜欢穿素衣蕾丝的奶奶低调的做派不约而同地一致。小隐奶奶是掌管这座花园的小仙女，精致的杂货装陈耐人寻味，特别有感染力。

主人：小隐奶奶
面积：200平方米
坐标：日本琦玉县

上 修饰不着痕迹，以至于让观者萌生重新审视自己花园的想法
下 木板下的角落花正盛开

小隐奶奶居住在日本埼玉县一条安静的小街上，大型车辆无法通行，要徒步走进去，仿佛在暗示这座花园只有心诚才可以到达。知道小隐奶奶的人不多，可是一提到她家旁边——香草屋花园，才恍然大悟。原来小隐奶奶与在花园杂货界赫赫有名的香草屋奶奶是好邻居，这一定是上天的安排。绿树葱葱，藤萝满墙，很难想象这样两座仙女气质的杂货花园竟然比邻而居。小隐奶奶行事低调，在互联网上几乎找不到有关她和她花园的资料，拜访只能在开放时间提前预约。然而这绝对是一座名副其实的宝藏花园，从花园的入口映入眼帘的那一刻起，眼睛就根本看不过来，处处皆亮点，值得反复回味，细细研究。

风灯杂货女王

仙女屋的入口处有三要素：栅栏、陶盆、小邮箱。栅栏是木头的，陶盆是抹过灰泥的，原木做的邮箱加了一个红瓦屋顶，让人忍不住想看看里面是否会有来自小青蛙的明信片。小小的门，小小的尖屋顶，小隐奶奶的花园开放时间并不多，来了可要珍惜每分每秒。

小隐奶奶的花园主区域被地势高高捧起，拾阶而上，每一步都伴随着美对心灵的洗礼，不禁对奶奶肃然起敬。花园从始至终没有一块完整的大片区域，杂货小品是亮点，植物搭配功底深厚，修饰不着痕迹，以至于让观者萌生重新审视自己花园的想法。小隐奶奶最喜欢的杂货是风

灯。夜晚的温暖昏黄，白天的摇曳生姿，要说风灯是花园杂货的"一姐"也不为过。

风灯不仅仅可以是灯，也可以是花盆罩，从风灯里探出头的角堇，俏皮又可爱。我们常常会为不小心打破了一边玻璃的风灯发愁，看了小隐奶奶家的设计都想故意打破一面玻璃了。风灯之外，还有马灯，还有古朴又简洁的路灯。佩服小隐奶奶哪里淘来这么多可爱的灯，难道以前是开灯具店的吗？还真问过，奶奶回答："当然不是。"如果收集了太多同样的货品，最好的方法就是用一样的背景把它们统一起来。小隐奶奶用来装点风灯的背景就是绿油油的爬山虎。花园里是绿色为主，但是到了五月玫瑰季节，总有几点亮色。窗前粉色'龙沙'和绿色的铁线莲'绿玉'因为光线不好的缘故，花很少，但是有什么关系呢？正是寥寥几朵，才显得仙风道骨。

对比vs呼应灵活切换

从下方再看一眼'绿玉'与'龙沙'的搭配，背后是白色窗格和白色蕾丝的圆摆窗帘。陶泥的水瓶颜色朴实无华，爬上它的薜荔清新动人。根本不需要人为地干预藤蔓植物的生长，就让绿意蔓延，自然地发生。如果说真的要做些什么使得这一幕景色加分，高手的诀窍就在于一定要会对比。木隔板斑驳皲裂，薜荔的绿叶间表情迷茫的小天使守护着旁边空空的花盆，曾经有一株什么花在里面存在过呢？让人遐想又有点失落。凑近了透过窗户看到咕咕鸡陶模型，敦厚朴素的乡村风设计，关键是颜色只有红白褐三色，也就是常说的大地色系，非常雅致。玻璃罩子下小小的橘黄灯，点起来温暖而迷人。

花园里的小门与入口处的大门是同样的款

左 窗前粉色'龙沙'和绿色的铁线莲'绿玉'因为光线不好的缘故，花很少，但是有什么关系呢？正是寥寥几朵，才显得仙风道骨

右 不需要人为地干预藤蔓植物的生长，就让绿意蔓延，自然地发生

小隐奶奶用来装点风灯的背景
就是绿油油的爬山虎

左页上 薄荷、欧芹、留兰香,随手掐一枝就可以用到厨房里,园艺可以带动人的其他技能,烹饪美食就是其中一项

左页下左 小隐奶奶家的雕像有一个共同特点:全部都是憨态可掬的

左页下右 拜见了小隐奶奶的厨房,开头以为这么美丽的收藏大概是纯粹摆着看的,但是奶奶说,她每天真的在这里做饭和吃饭

右页 大概是被蛋糕吸引,小隐奶奶的爱犬小白狗不失时机地跳上了沙发。陪伴仙女奶奶的狗狗从毛色到身材都和奶奶家的气质那么和谐

式,木板也是温暖的淡米红色,进而引出高手搭配的第二个诀窍:呼应。小小的园子里挤了这么多东西,但是并不感到杂乱,除颜色尽量控制在素雅的绿色系和白色系,还有一个要点就是植物的状态不能太丰满。比如树木都修剪成高而瘦的骨感造型。如果有实在喜欢的小胖孩陶偶,比如这里开得满满当当的百万小玲,就给它一个单独的舞台,让它一展风姿。

小隐奶奶的花园小屋是真的"小",基本只能容下一个人进去,小屋的屋顶加了两只圆滚滚的烟囱,有童话仙境的带入感,实在太可爱了。奶油色福禄考,在国内可以找到同款,多少有了些心理慰藉。日本的园艺界最近很流行这样柔和古典的颜色,虽然植物是常见的品种,但是有了这样的颜色,足以让人耳目一新。因为福禄考是浅色,所以配了深色的花盆,盆上还有和福禄考类似的花纹。对于绿叶为主的花园,绿色太多了会显得沉重,这时候带有白边的叶子就更加珍贵。廊架那一圈圆形的花边柔美而童话,下面悬吊的是一盆兔耳朵薰衣草。

植物与杂货的互动

盛开的月季,品种大概是'蓝色狂想曲'。说是盛开也不过五六朵,这是小隐奶奶家最艳丽的颜色吧。小百里香盆敦敦地坐在旧的瓦檐上,前面还有一只肥嘟嘟的小鸟。围墙边的绣球和铁线莲,淡淡的蓝紫色从绿白背景里跳出来,增添一点活泼气氛,又一点都不刺眼。铁线莲对面是白色重瓣的山梅花和搪瓷盆子里种的麦冬,金边麦冬的新芽清新而秀丽。必须夸一下这盆麦冬,带着金边,竖线条的好东西可不多。正在盛开的紫叶风箱果,暗紫的叶色,粉白的花色,花开到最后,还是会变成温暖的红色，做起呼应。眼睛扫到可爱的蘑菇石像，发现小隐奶奶家的雕像有一个共同特点：全部都是憨态可掬的。

花园小屋的门口摆着大陶罐子、小椅子，让人觉得误入了小矮人的世界。小铁皮罐头盒，放得生了锈，时间让它成为无可替代的装饰品。杂货花园里很多凳子不是给人坐的，而是用来陈设小花小罐子的。特别是有的心爱的凳子坏掉不能坐了，给一盆小花顶着也是凳子的好归宿。杂货花园的铁艺栏杆需要简洁设计，太繁复的欧式古典栏杆会破坏气氛。

受邀进到室内，拜见了小隐奶奶的厨房，开头以为这么美丽的收藏大概是纯粹摆着看的，但是奶奶说，她每天真的在这里做饭和吃饭。下午茶的香蕉蛋糕边上装点了鲜绿的留兰香叶子，一切都是那么精致又有生活的气息。大概是被蛋糕吸引，小隐奶奶的爱犬小白狗不失时机地跳上了沙发。陪伴仙女奶奶的狗狗从毛色到身材都和奶奶家的气质那么和谐。

不舍得离去，再看一眼美丽的花园，长在大搪瓷罐子里的银叶菊，细细碎碎的叶子，名字好像叫"钻石"。各种细细碎碎的小花，都那么安静地开着，美着，不自知着。用水泥砌成的小花坛，谁说水泥不沾染仙气呢？重要的是脚下的小草和若隐若现的青苔。种在罐子里的花叶水芹皮实又好看。平凡得不能再平凡的物件，种着常见得不能再常见的小香草苗，薄荷、欧芹、留兰香，随手掐一枝就可以用到厨房里，园艺可以带动人的其他技能，烹饪美食就是其中一项。小隐奶奶的仙女花园不是高高在上的艺术装置，拒人于千里之外，它小且不出错，很好地平衡了仙气与烟火气的界线，把精致渗透到每天的日常，唤醒他人内心世界的仙女情结。

Tips

小隐奶奶花园布置研修重点：
1. 学会对比搭配，去人为的痕迹化，制造花园遐想，调动情绪。
2. 学会呼应，用色不能太多而分散注意力。每帧画面不能有太抢镜的元素，要均匀输出。
3. 布置讲究凡事不能做得太满，要留有余地，制造回味的空间。
4. 不贪多贪大，但求精益求精，从平凡中找亮点。
5. 任何花园都不可以是摆设，最终要能服务于生活，不脱离现实。

上 它小且不出错,很好地平衡了仙气与烟火气的界线,把精致渗透到每天的日常,唤醒他人内心世界的仙女情结

下 不舍得离去,再看一眼美丽的花园,用水泥砌成的小花坛,谁说水泥不沾染仙气呢?重要的是脚下的小草和若隐若现的青苔

花开未满，泡泡的篱草集

图文｜果珍泡泡

主人：果珍泡泡
面积：12平方米
坐标：江苏无锡

没有深宅大院一样寄情草木，没有奇花异草一样安之若素。不贪盈满，不恋奢靡，空而有物，从而心生欢喜，亦是一种境界。哪怕只有屋顶一方、阳台半掌，若有心，依旧可以长出花园，风景独好。

从孩童时期开始我就和哥哥独自在家,父母不在身边,我就像一棵缺少养分的植物,从小就比别的孩子长得小。虽然学习成绩优异,但这些并没有给我带来足够的自信,我不爱说话,总觉得自己非常渺小,一走进人群就会被淹没。

人生中的两个幸运

但是我遇到了两个治愈我的人和事物。一个是我的先生,一个是植物,喜欢一个人和狂热地执着于一件事,一定是因为那能给你带来快乐。上初三的时候我遇到了我的先生,他因为一场病休学一年来到了我们班,他总说他是为了等我才生的那场病。

先生是一个温暖的人,总能春风化雨,在下一秒让我快乐起来。春天樱花开的时候,我穿了一件写有"1980"字样的卫衣,他对我说:冒充八零后啊,装成熟啊,明明就是个九零后嘛。我以为他会说我装嫩,因为我明明就是一个七零后啊!他一直都是我的心理疗愈师,潜移默化地强大我脆弱的心理建设。

我喜欢种花,春天发芽,万物吐新,总能

给人带来生生不息的希望。因为园艺，我从微博上认识了全国各地的许多花友。我曾经有一段时间住在乡下的老房子里，因为接着地气，我种的欧洲月季和铁线莲几乎开满了院子的围墙，加上我拍的照片比较清新，那个花园一下子让我被许许多多的花友喜欢，不善言辞的人忽然间打开了另一扇和这个世界沟通的窗户。从小父母不在身边缺爱的孩子，那种被人喜欢的感觉让我变得越来越开朗。我也慢慢地从网络世界走到人群中去，和花友们面对面的交流，遇到心意善良又美好的人和事。

屋顶上的如花在野

　　我的露台花园非常小，只有十几平方米，恨不得向天再借五百平方米。幸运的是露台上有一个斜顶屋面，我和先生就亲自动手借山而居，沿着屋顶打龙骨，营造一个三层高低错落的植物种植区。后来实践证明上楼的植物真是托了上风上水的福，长得最为茂盛。为了避免容器花园的生硬堆砌感，我基本上都是把植物种植在大型的长条形花盆里再进行花境的组合搭配，打造如花在野的自然系花园氛围。边缘

为了避免容器花园的生硬堆砌感,可以把植物种植在大型的长条形花盆里再进行花境的组合搭配,打造如花在野的自然系花园氛围。边缘种植垂蔓性较好的花卉能够很好地把盆器遮挡住,形成和地面自然过渡的植物连接

种植垂蔓性较好的花卉能够很好地把盆器遮挡住,形成和地面自然过渡的植物连接。

　　我特别喜欢白色系的花,觉得它们是江南冬天没有落下的雪,开在了春天。阳光房的门口,风车茉莉会在五月初开出白色的小花,散发出淡淡的清香,微风拂过那些细细碎碎的小花会在光影中倚着墙飘逸灵动。到了冬天,它的叶子会被风霜染红,弥补冬日花园的萧瑟。花园虽然小,但是因为露台上的采光和通风非常好,即使我疏于打理,甚少施肥,外围

网格上攀缘着的铁线莲依然是花园里从早春到暮秋开得最欢快不知疲倦的花仙子。它们都在阳光下俏皮地向外探着脑袋,努力开出一片花墙给前面的邻居看。像山桃草和天蓝鼠尾草这种高挑纤细的植物是花园里的气质担当,它们在花丛中随风摇曳的身姿能让人的心情舒缓下来,想静静地站在它面前做一个放松自我的深呼吸。每天清晨第一缕阳光会打在阳光房西面的墙上,冬天的周末,我喜欢在这里发一会儿呆,看着阳光来布道,光影魔术师会触动这里的每一个生长因子,真想和你们一起长大长高呀。

上 精心挑选一些别致的花器,更多地注重花器与植物、植物与空间、色彩之间的搭配,力求冷静、克制,遵循less is more(少即是多)的原则

下 一个窗台,一盆小绿植,一瓶随意的插花也能给生活增添一份盎然生机

左页 多肉植物简直就是心灵治愈良药,尤其冬天它们那粉扑扑红彤彤的样子简直萌化了

右页 花园应该是人愉悦自我轻松生活的日常,应尽量克制,不把空间塞满,给空间留白

小满即安，知足常乐

相比逃离城市，我更愿意打造一个远方般舒适的家。生活中大多数定居城市的人住的房子都没有花园，只有一个阳台，能有一个露台已算奢侈。作为上班族来说，打理花草的时间有限，这处小天地足以满足我的园艺热情。花园应该是人愉悦自我轻松生活的日常，我非常地克制，不把空间塞满，喜欢有留白的空间。二十四节气中我最喜欢小满，这两个字充满了中国诗词的灵气，也很富有哲学的深意。沉浸在小小的满足里，不因为一份喜欢而把自己累着，小养怡情。尽量种植一个月不浇水都没事的多肉植物和宿根类的懒人植物，不追新猎奇，花园里只有对的植物在它对的位置。好养易活的花草在我这里都是宝贝，但是我会精心挑选一些别致的花器，更多地注重花器与植物、植物与空间、色彩之间的搭配，力求冷静、克制，遵循less is more（少即是多）的原则。有花园的时候我根本不待见多肉植物，成为阳台族之后由于空间有限，我发现多肉植物简直就是我的治愈良药，尤其冬天它们那粉扑扑红彤彤的样子简直萌化了。俯仰之间的宁静自在人心，哪怕只有一个窗台，一盆小绿植，一瓶随意的插花也能给生活增添一份盎然生机。

我种的花儿常常开得并不茂盛，施肥也比较随心，朋友们戏称我是佛系种花。而我则喜欢它们疏朗有致、肆意生长的样子。春天长在花盆里的杂草我都不舍得拔掉，喜欢看它们一簇簇、小小的花朵兀自开成一片小小的花海，拥有自己的春天，就像小小的我一样拥有自己的小宇宙。如果你的心是宁静的，几株疏影都是一幅赏心悦目的画卷，十几平方米和几百平方米，看的是一样的云朵在天，晚红如醉。所以哪怕只有一方阳台，也要把眼前的烟火气打理出属于每一个当下的春暖花开。

左页 相比逃离城市，作者更愿意打造一个远方般舒适的家

尽精微，致广大
——锈孩子的阳台花园

图文 | 锈孩子

主人：锈孩子
面积：7.8平方米
坐标：江苏常州

螺蛳壳里做道场，在高层阳台小空间造园，疗愈自我，反哺自然，一方寸土亦能孕育奇迹，见天地之灵气。

上帝常常以剥夺的方式给予。19年前健康和工作同时失去，却得以让我与始于童年就痴爱的园艺，从业余时间的小打小闹，突进到人生前景，几乎成为生活的全部。为求养花，又限于当时的经济能力，带庭院或露台的房型只能放弃，最终定下这套距市区极远的郊区房，因为它带有7.8平方米南向景观式正方形阳台，比普通公寓房的常规阳台略大，且有2.8平方米的北侧小阳台。

心中始终有一梗：西方普遍的庭院或露台花园营建手法，并不适宜我这种在中国最接地气最普遍的凹入式阳台。空间狭小，上不接天，下不连地，通风光照差、风大，不利于多数开花植物生长。阳台花园常常沦为家庭园艺的"小儿科"，被边缘化，甚至被排除在"私家花园"之外。当新居钥匙在握，迎着质疑和不屑，无比忐忑又无比坚定地，我开始打造阳台花园。

硬质格局

首先解决阳台晾晒衣物的现实问题。经物业允许，我在南阳台（以下"阳台"均指"南阳台"）外立面护栏处安装了户外伸缩式晾衣架，北阳台顶上安装了晾衣竿，解决雨期晾晒。这样南阳台空间完全腾给花园营造。交房后阳台又按照我的审美略作改动：保留涂白的墙面，但地板的瓷砖改用防腐木铺设。南面和西面的一半为护栏，上部开放，但考虑江南寒冬还是要有封闭措施，我使用了无框窗，这是一种可将窗玻璃折叠拉伸的封闭方式。这样每年除冬季两三个月外，全年大部分时间护栏上半部完全敞开，这一点对空气流通和光照太重要。

我将整个阳台划分为五区：东区主体为墙，因阳台进深较深，这面墙较宽，是进入阳台时首先入眼的区域。坐于客厅沙发正好可见这面墙，因此标牌"锈孩子的花房"挂于此。两只拱顶的高大网格靠墙，两拱之间的下凹处上方用来挂花园标牌。网格下部放一只小花车和双层木质鱼盆。东区靠南还有一小段玻璃护栏，正好摆放一只50厘米宽、90厘米高的三层木花架。北区是与书房相连的最内侧的墙，有窗，窗下安置双人铁木椅。一只斜着摆放的铁木小矮柜将东墙与北墙形成的夹角隔出三角形空档，用来放置铁艺花笼等，串联起两面墙的风景。西区从北向南分三段——与客厅相连的85厘米宽的门、87厘米宽的墙和85厘米宽的玻璃护栏。墙的上部安装铁艺花盆挂，下部放带花箱的网格小花架。南区与西侧玻璃护栏相连处，有一面约一米左右宽度的水泥护栏，经物业同意，外立面安装露天不锈钢花架，成为整个阳台的黄金种植区。水泥护栏下放双层梯凳，方便站上去打理露天小花架上的花草，也可临时摆放盆花。中区是指在靠近南区玻璃护栏的正中央，将一只正方形小木桌和双层铁艺小推车并排形成中心小岛，小岛与护栏间留出约40厘米空档便于走动。中区与其他四区形成可容一人通行、环阳台的"U"形小步道，与从客厅进入阳台的门连通。

上左　水泥护栏下放双层梯凳，方便站上去打理露天小花架上的花草，也可临时摆放盆花
上右　两拱之间的下凹处上方用来挂花园标牌。网格下部放一只小花车和双层木质鱼盆
下左　东区靠南还有一小段玻璃护栏，正好摆放一只50厘米宽、90厘米高的三层木花架
下右　北区是与书房相连的最内侧的墙，有窗，窗下安置双人铁木椅

阳台大框架的细节打造

（1）色彩：主体背景色为白色。这不单是个人偏好，白与绿互搭构成的青白世界简素清新，轻盈纯净，也因白色对于阳台这类偏暗的空间有提升环境亮度的功能。为此我将地板、网格花架、花盆、铁艺椅等目力所及的阳台物件统统刷白。因刷地板时家中仅有白色丙烯颜料，它不像漆类涂料有膜质保护，经年之后的白地板已刮擦出沧桑感，但这正是我想要的岁月之痕。后来使用不含有机溶剂的白色水性漆，明显保色效果更佳。此外，所有和阳台相关物件的购买，也都尽量以白或绿色为主。

（2）水景：阳台极干燥，风力大，这点在三楼以上的楼层颇为明显，所以用小水景增加微环境的湿度非常必要。阳台小型水景采用现成的与整体氛围协调的容器即可，我在东西两侧各安排了一处小水景，东区为双层木质鱼盆，是有参差感的错层布局，上部小盆用来种花，下部是可盛装约17升水的木鱼盆。养野塘捞取的食蚊鱼等小型野鱼，可吃掉孑孓，防止生蚊，也极好养；西区放一只高挑的锅状喂鸟器种碗莲，也养食蚊鱼。有花有水有鱼，花园才灵动。

（3）萌趣收藏：我的阳台摆件很少来自园艺杂货店，更多的是依个性喜好收藏的小物。我是永远的小孩子，酷爱植物和菌类的人形手办、各种人偶等，且从不把它们视为装饰摆件，而是我花园里的老伙计，会与植物们交流呼应，任一微观角度看去都有戏，让阳台花园成为魔幻童话的发生地，充满故事性。

（4）收纳：这对小空间多么重要。除桌、椅之下和小柜子作为大的收纳空间外，摆件的选

择也尽量有此功能。如我在东区墙体两只网格及下部小花车与木鱼盆之间的空当摆放的木鸟屋,漂亮的镂空屋体有门可开,内部是收纳空间。花架上收藏的二手瓷器小丑,底部也可开,用来装小型种球。花架下的小木箱,内部装肥料等,盖子上有洞,用来塞小盆栽。再加上收集的各类盒子、小桶,都具有与阳台气质搭配的自然之美,又有容物之用。小空间无法任性地单从颜值来选择饰品,尽可能兼顾多功能才是王道。

(5)安全:阳台切记小心勿发生高空坠盆状况。绝不将护栏处的挂盆挂于外侧,摆在水泥护栏上的盆底部粘上无痕胶,盆与护栏边沿预留一段安全距离,不贴边摆放。露天不锈钢花架里的盆只用很轻的树脂盆,不用陶盆,下部一律放高质量较深的盆托,给此处的花草喷水时先看看楼下是否有人,以防溅水影响到他人。

植物选配与种植

在四四方方的阳台内部有许多空间,因光照缘故不适宜花团锦簇的植物,应对策略是以绿植为主,花朵点缀。我种花时间久,抗暑寒又耐阴、莳养经年的老植物众多,它们体形较大,四季常青,除定期翻盆换土,摆放位置较固定,为整个阳台带来花园的基调和氛围。如北区椅边的纽扣蕨,东区网格上的鹿角蕨、花叶蔓长春和乔迁时父母所赠的银心吊兰,木鱼盆上部的斑叶吴风草,选取带条状、点状、白黄绿相间的花叶,以及深浅不同色阶的绿叶、不同叶形和尺寸、下部开展的株形与网格上的垂蔓交错,共同创造出小空间绿植的丰富层次。穿插灵活摆放的中小型开花植物,除冬季外,以苦苣苔科抗性强的品系为主,花期长,

酷爱植物和菌类的人形手办、各种人偶等，且从不把它们视为装饰摆件，而是花园里的老伙计，保持小孩搬的心性

花量大，关键是散光即可开花。冬季和早春以酢浆草、垂筒花等球根花卉为主。东区与北区连接处的三角区前，栽培九年的狼尾蕨放在小木柜和小花车之间的地面，搭配前后一卧一站的猫摆件，联结起网格、花车周边所有植物和微型小景，同时在这一重要的视觉焦点区形成前后的深度与高低的错落，也形成"U"形步道拐角的弧线，有视觉引导的效果。

西区明亮散光处的小花架，下部是花箱，上部是拱形网格。花箱很小，两只两加仑的盆已经所余不多，但我改花箱内常规的平行放置方式为高低立体摆放，下部是盆栽矾根与日本蹄盖蕨，中间空隙处陈列小盆栽（高处为迷你玉簪'金心鼠耳'、低处是苦苣苔科的两盆植物和不会长太大的花叶常春藤品种）。既在小空间种植了尽可能多的植物，也有空间的灵动变化。中区同样利用一只装红酒的旧木盒高耸于正中，进行错落性空间种植。

南区以观花观果植物为主。玻璃护栏上部用挂式花盆每年栽种一年生草本观花植物，保证该区域的花草更新，下部有各色长寿花、天宫石斛等。水泥护栏处主要放仙人球、十二卷类、芦荟、虎尾兰等多肉植物。露天不锈钢花架以木本、藤本为主。已种十年的贴梗海棠，铺面栽小型开花草本，比如筋骨草，类似园林中的地被植物，盆面还可放置小盆栽，木本的粗硬树枝挂微型多肉植物，这样立体种植，一盆之内把空间的利用做到极致。

北阳台也安装了户外不锈钢花架，用尽可能大的泡沫塑料盒改成种植箱，种高大的草本植物，这样入夏土面空隙处可放置风兰、兜兰等株形不大的兰科花卉。既通风、阴凉、湿润，又有早晨和下午经高大植物筛过的疏落光影，状态良好，年年复花。

搜集本土野生植物种子繁育花草，既是重新捡回中国古时栽培"饰草"的传统，又有对生态保育和多样化维护的意义。目前我已育有十几种野生植物，长了四年、蓬勃似灌木的草本剪春罗，春天打顶后初夏爆发的橘色花已是阳台的颜值担当。女萎即所谓"野铁"之一，在野外常发现它的叶片有斑锦变异，果然在盆中发芽后，真叶出现芽变，不知能否在阳台培育出可观叶的铁线莲园艺种。纵是妄想，至少这株"斑叶女萎"是我阳台目前的专属植物。

我在北阳台放了数只大水桶，用来存储雨水、洗菜水和鱼盆里换下的水浇花，桶内养野外捞取的田螺、石螺清除桶壁滋生的藻类和污物，其粪便与鱼盆里的鱼类粪便沉淀积累到一定程度，会倒出暴晒后做有机肥；另有大盆用来装旧土，将厨余埋入沤肥。

野性花园（wildlife garden）

当阳台上用野生种子栽培的马兜铃花开，多想它能招来丝带凤蝶，虽然它来不是为吸花蜜，而是产卵吃叶片的。这种带着仙气的蝶种伴随着周边郊野的开发，已绝迹多年。为此，

左页左 搜集本土野生植物种子繁育花草,既是重新捡回中国古时栽培"饰草"的传统,又有对生态保育和多样化维护的意义

左页右 入夏土面空隙处可放置风兰、兜兰等株形不大的兰科花卉

右页左 对蚜虫、红蜘蛛等爆发性昆虫对花草带来的伤害,利用人工清除加天敌昆虫的协助,已四年未使用任何杀虫药剂

右页中 园艺是来自自然的艺术,生命与生命的交融互动,才使园艺的自然美表达得更饱满灵动

右页右 丝带凤蝶这种带着仙气的蝶种伴随着周边郊野的开发,已绝迹多年

我在花园开始种寄主植物。这是我的阳台花园与其他花园最大的不同。

很久以前一篇《阳台来的小客人》的帖子在某论坛被加精,内容是关于我出于好奇偶然记录下的花草间来自外部自然界的小生灵。从此,我开始自觉学习相关生态常识,越陷越深,也彻底颠覆了自己对花园的认知和审美。

本是打造给自己的美好生活空间,却发现同时共生着许多如此令人震撼的其他生命。我明白了:园艺是来自自然的艺术,生命与生命的交融互动,才使园艺的自然美表达得更饱满灵动。谋求生活美学与生态担当的结合,才是更符合自然之道和健康的园艺。不单为自己造园建景,也是为所有的生命创立栖息地。对蚜虫、红蜘蛛等爆发性昆虫对花草带来的伤害,利用人工清除加天敌昆虫的协助,我已四年未使用任何杀虫药剂。当我发现太多花友也和曾经的我一样,对病虫害存在"过度治疗",为了种花对其他生命,特别是某些昆虫有极端的排斥,我开始从单纯地痴狂园艺,变成一名自然教育的公益志愿者、江苏省科普作家协会会员。偶然从国外网站搜到的wildlife garden园艺类获奖书籍让我意识到,原来我对园艺的另类实践并非孤例,并且在国际上,这类花园因为生态问题的全球热度而被格外重视和关注。"wildlife garden"至今在国内园艺界可能尚处于小众阶段,暂翻译为"野性花园",意喻将人工化的园艺世界重新注入荒野之性,为生态园艺和生态多样性加油助力。

以螺蛳壳里做道场的精神,在高层阳台小空间造园,疗愈自我,反哺自然,我将继续精进与深耕。

Owl 园
——喜欢就会放肆，但爱就是克制！

图文 | 皇甫

走过看过很多花园，潜移默化地改变着我对好花园的认知。造花园如同经历人生，千帆过尽，才清楚明白己之所求，越来越看重用普通平凡的植物营造到位的花园氛围，捕捉亮点，超凡脱俗。一个美得耐看且享受的花园止于无休止的堆砌。喜欢是放肆，但爱就是克制。

主人：OWL 皇甫
面积：100 平方米
坐标：浙江杭州

2019年是我热爱园艺的第四年,也是迈入独立、理性思考园丁行列布置出张弛有度的花园的第一年。给自己的花园起了个独特的名字——owl园,"owl"一词在英语里有猫头鹰的意思,因为偏爱暗黑复古系腔调,花园的命名也取这层含义。

花园是家的延伸

owl园坐落在杭州郊区的山坳里,周围密林环抱,花园由三块合计约100平方米的露台组成。为与房子的外观、室内装修风格统一,花园的基调定位为欧式复古风。花园的风景由大大小小的容器堆叠而成,是一个名副其实的容器花园。一得空闲,我最爱的运动就是搬动花盆,在不同的季节呈现不同的场景,琢磨出最有意境的摆法。

在各种不断地尝试与深入学习中,我意识到植物只是花园的一个要素,真正的花园更讲究布局功能以及观赏性。植物是基础,但说到底要为整个花园服务,于是渐渐地可以对植物的生死淡然处之,把对园艺的狂热慢慢化解为理性思考。对花园认知的不断改变,本身就是一个园丁成长与成熟起来的过程。不再满足于跟风地"买、买、买",回来将杂货花卉简单堆砌,而是转向考虑花园的功能性,把它看做是家的延伸和补充。"低维护、低饱和、高颜值"——即为塑造owl园的新标准。

owl园的入户露台大约有10平方米,朝南,这里是我每天上下班匆匆一瞥最多的地方,主打铁线莲与月季,佐以宿根草花。趁着二楼装修,一鼓作气打通玄关隔断,露出远处的青山,视野一下子开阔了许多,巧借远山做花园背景。书房外闲置的露台今年也启用了,在啊布的杂货店淘到一把锈迹斑斑的铸铁椅子,作为镇园之宝委以重用。沧桑的铁艺椅子不论春夏秋冬与破败自然的露台形象十分契合,我也对四季更迭有了更深刻的感受。爱上了秋天的午后,竹影婆娑,微风慵懒。二楼北向的大露台设有休闲区、工具区、聚会区和一个阳光房,周边是茂密的小树林,这里是我独自喝茶看书的地方,没有任何外界的干扰。

左　现在的皇甫果断从品种控里脱身,不再追求奇花异草,力求用最普通的植物搭配出最出彩的效果

右　植物和杂货放在一起,非常温馨

适合自己的,才是最好的

　　也曾痴迷于花园的打造过程,遭遇各种"完美"露台改造方案的夭折,往事已成烟云,浮华历尽才有如今的淡定。最终撑起场子的依旧是那些容器盆栽,没有花坛花池,也没有高大的花架和背景墙,全靠桌椅、门板和杂物堆出的小场景。从品种控里脱身,不再追求奇花异草,力求用最普通的植物搭配出最出彩的效果。我相信最好的安排就是利用好手头现有的素材,发挥出它们最大的功效,将平凡之物擦出火花。一个美而享受的花园,应该是有所克制的释放能量。水满则溢的道理同样适用于花园布置,植物的铺排应该相映成趣、张弛

有度,色彩在花园中的运用至关重要。不仅是植物的色彩要和谐统一,花园背景、杂货造型以及色彩调性也要和谐一致。花园背景基调最好自然、和谐、清雅,如果喜欢色彩浓烈,最好是色系统一,衬托出植物,避免杂乱喧闹,显得乡土气。

　　花园内容不能一览无余,要有花境,花境要有意境,意境要有气质。喜欢有线条感的植物,研究如何让它们带动花园的立体感,焕发生机。果断抛弃了几棵硕大的绣球和月季,把丑陋的塑料加仑盆都换成了陶盆或套盆。既然是容器花园,盆器的选择自然非常重要,经历风雨与岁月的陶盆经典且富有自然的质感,高低错落的堆叠,即是点缀也是风景。

左 不再满足于跟风地"买、买、买",回来将杂货花卉简单堆砌,而是转向考虑花园的功能性,把它看做是家的延伸和补充

右 爱上了秋天的午后,竹影婆娑,微风慵懒

左 "低维护、低饱和、高颜值"——塑造owl园的新标准
右 这里是女主人独自喝茶看书的地方,没有任何外界的干扰

在收集杂货方面，根据植物的特点摆布花园的陈设，杂货最好风格统一、切忌色彩繁杂花哨、拥挤，做到疏密有致、舍得放弃、克制留白才是至高境界。松果、藤蔓、干花、镜子、旧门板等都是花园趣味的有效补充，点缀在角落也是衬托花园植物的背景。阳光房、聚会区、工具区、休憩区，这些生活区域的开辟使得花园的层次功能更丰富齐全，充满了人性化。它们是花园的亮点与关注点。

虽然偶尔也会因为没有几亩地而感到遗憾，但这些年折腾下来，我发现容器花园才是最适合自己的花园表达形式。它灵活可控，可以根据季节不断变换盆栽搭配场景，常变常新，养眼悦目。随着对园艺的了解，越来越清楚自己想要什么，不会人云亦云，不再贪恋植物的品种与数量。鉴于露台场地有限，拔高入园的盆器杂货植物门槛，会不断淘汰处理一些不适合露台环境的植物和器物，确保花园背景高度和谐统一。三年的园艺之路使我拥有了自己的专属花园，人生停歇休憩的美好之地。是花园释放了我天性中的热爱，陈列了我对生活的想象。

左页左 既然是容器花园，盆器的选择自然非常重要，经历风雨与岁月的陶盆经典且富有自然的质感，高低错落的堆叠，即是点缀也是风景

左页右 松果、藤蔓、干花、镜子、旧门板等都是花园趣味的有效补充，点缀在角落也是衬托花园植物的背景

右页 不仅是植物的色彩要和谐统一，花园背景、杂货造型以及色彩调性也要和谐一致

倚山而栖，伴花而居

图文 | 糖糖

杭州的西面，山很多，有山的地方必种茶，城市就坐落在山水与茶园之间，虽无法避世而居，但可以选择大隐于市，我的家就栖息在一片600亩的茶山边，这也是『糖糖的田园栖居』一名的由来。

主人：糖糖
面积：23平方米
坐标：浙江杭州

杭州的大气候和我的花园小环境并不算美好，连绵的梅雨过后是漫长的炙夏，而开花的春秋总是很短暂。我的小花园是一个23平方米的阳台，外侧1/3为露天，内侧2/3有玻璃顶棚和墙壁遮挡，受到日照和通风条件的诸多限制。

从零开始种花造园的前两年，我进行了大量的种植尝试和布局调整，直到第三年才对花园的不同角度、植物的不同习性驾轻就熟。从植物杀手修炼成绿手指，我开始为园艺劳动做减法，为园艺生活做加法。美式复古的容器花园风格一直没有变，但替换了抗性差的品种，协调了植物的色系，打破种植密集的区域，添置了"无用却美好"的椅子、汀步、观叶和地被植物。

小花园里物种丰富的好处就是总能找到时令的素材，将花与叶搭配起来插成一束，将不同时节的花朵制成美食，比如春天盐渍樱花，初夏腌制玫瑰酱、烘焙鲜花饼，秋天酿造桂花蜜，冬天用角堇装饰饼干和蛋糕。

我经常会思考，园艺劳作和花园本身对我的意义，其实伴随着自己的人生节奏和内心状态，这种意义一直在改变。当电视台记者来我家采访时问："园艺带给你最大的收获是什

花园里的郁金香开得正好

159

么？"我回答，最大的收获不是花朵本身的美丽，甚至不是绽放时的喜悦，而是植物周而复始的生长过程，带来了意想不到的生活感悟。

维护小花园一如维护我自己的人生，从当初铆足了劲想要证明和实现，到逐渐静下来观照内心，我对园艺生活也有了更深刻的理解。起初，花园的繁盛和短暂的拥有会令我们喜出望外，但在余下的时光里，是更漫长的等待、不停的浇灌和不停的凋残，花园面积和植物数量的增长，与生活的美好和内心的安宁并不成正比。渐渐地，我不再苦恼花园的大小，不再困顿于花的开谢、草的生灭，只是愉快而执着的守护，即便我们有相当多的坏天气，却依然对花草木植饱含深情，欣赏季节与生命的变化，也接纳大自然的无常。园

绣球花开得烂漫初夏正是她的主场

艺是一件很高级的事,蕴藏着人生哲学。

种花造园并不是终点,它带给我的惊喜和改变远不止于此,我从最初对几种开花植物的偏爱,变成对花草木植的博爱,与其说是"园艺爱好者",也许"植物爱好者"和"追花摄影爱好者"更符合这种博爱。所以我从不囿于花园,亦不被其所累,即便是春色满园的四月和阳光炙烈的八月,我依然会满怀好奇和热情去山林间,拜会那些大自然里野生的植物。

花园里的鲜花用来做果酱,健康又幸福

对我来说,园艺、摄影、写作和绘画之间的沉浸感是相通的,都是观察世界、端详自己的一种方式,可以相互滋养、相互赋能。我喜欢探寻植物在不同环境与媒介里的姿态,将那些变幻的光影、斑斓的色彩、植物的情绪以及内化于心的感受,借由笔、纸和镜头来呈现。

我希望植物、花朵带给人们的不止是荼蘼与绚烂,还有更深刻的心灵感受和治愈力,日常的照片、微博的文字、我的第一本书《绣球映象》以及我写给《花也》《花木盆景》的每一篇文章,都是将花朵呈现给视觉的美好感受,演绎为心灵的慰藉和生活的表达,这个过程也是一次次和自己的深入对话,让我重新认识与发现了更真实的自己。

将生命浪费在美好的事物上,看似天经地义、无须理由却华美奢侈的座右铭,它不仅是一种信念和态度,更是一种奖赏,以孤独和执着的勤奋为前提,把生活变成自己想要的样子。

保护和坚持自己的热爱,其实需要非常坚定的力量和乐观的人生态度,园艺生活更是如此,用心对待每一朵花、每一段文字、每一张照片和每一天。

看 90 后自由插画师如何玩转 4 平方米的阳台花园！

图文 | 亭子 & 桑陌

主人：桑陌
面积：4 平方米
坐标：浙江杭州

对于花草的喜爱，是来源于童年的记忆。如今，自己也拥有了一个小小花园，虽然面积不大，但这里承载着自己心中的花园梦。清晨醒来，能闻到小花园的清香，是一件很幸福的事情。

今天要分享的花园是90后自由艺术插画师桑陌的陌上小园。

陌上小园在杭州，是个阳台花园，仅有4㎡，很迷你的花园哦！桑陌仅花一年的时间，就把陌上小园打造成了她理想中的样子。

01 类型|阳台花园：小阳台大空间

"也许有人会好奇，这么小的空间里怎么能种这么多的花草。其实小花园像一块白色的画布，然后我们就像画家一样，在画布上画出自己喜欢的画面。画面中的构图与主色调极为重要，然后就是画面的视觉中心要突出，成为焦点。"桑陌说。

空间不够用，或者是视觉上杂乱无章，这应该是阳台党们共同的痛点。桑陌的陌上小园一共也就4平方米，但在视觉空间上给人一种很舒服的感觉，并无局促感。这和桑陌花在布局上的心思有很大的关系。

再小的花园也需要给它一个准确的定位，以及事先做好功能区域划分。

桑陌在陌上小园的东面做了一个主背景。

因为桑陌自身是油画专业毕业的，所以就用白色的油画布与框钉成150厘米×120厘米的画框，用来当做小花园的背景墙，同时加上白色的栅栏，给月季们爬藤，这样的小花园更加干净简约。

左页 小花园像一块白色的画布，花园主们就像画家一样，在画布上"画出"自己喜欢的画面

右页 桑陌的陌上小园一共也就4平方米，但在视觉空间上给人一种很舒服的感觉，并无局促感

再添上一套白色的铁艺桌椅，铺上颜色素净的桌布，放上日常的杯杯盏盏、书籍、枝剪……一个舒适的花园休闲区场景就出来啦！

将这个休闲区作为主背景，一方面有淡化花园边界的作用，使得花园整体空间在视觉上看起来更加宽敞些。另一方面，有了这个主背景的花园就有了灵魂，让人一看到这个场景就看到了花园的白色主调和日系风格。

休闲区以外的空间都是桑陌的种植区域。为了使小花园的种植区看起来并不杂乱无章，桑陌会结合植物的生长习性，经常采用高低错落的方式摆放花草，既能节约空间，也能营造出丰富的视觉效果。

现在，这小空间里栽种着桑陌喜欢的几十种花草。月季、铁线莲、蓝雪花、多肉、阴生植物……这些是花园中必备的成员。

随着对花草的认识加深，桑陌也在慢慢地学习做减法，留下适合的阳台植物，并不是对花草的热情减退了，而是因为更加深爱了，所以会慢慢地进行简化，适合的才是最好的。

02 园龄1年："年纪轻轻"的陌上小园

去年八月，我刚找到桑陌的时候，她正在忙着搬家。陌上小园也正是从那个时候开始成长起来的，到现在刚好快一年了。

作为90后新生代园丁，桑陌的种植经验不如大咖们丰富、成熟，也正因此她每天都能涨知识，所以她也乐在其中。

除了月季以外，桑陌还喜欢铁线莲、大丽花、百合花、各种球根，所以在这有限的空间里，统统安排上了。尤其是春天，看着一盆盆球根冒芽、长高、孕育花蕾、到最后的花朵绽放，桑陌真的被它们治愈了，同时感叹生命力的奇妙呀！

冬季辛勤的换盆、施肥、剪枝，终于换来一面月季花开的场景，还能实现鲜切花的自由，这是最幸福的差事了！

桑陌尤其爱大丽花，从我认识她那天起，就常常看见她在朋友圈晒她的大丽花。桑陌并没有因为地方小而放弃栽种大丽花，其实只要光照肥水充足，就能开出比碗还大的花朵，精致又可爱，瞬间成为小花园的主角。

桑陌说，铁线莲也非常适合在阳台种植，前提是有充足的光照和肥沃的土壤，就能开出令人惊喜的花量，桑陌当初有默默数花苞，那时她心里充满着欣喜，这也许就是花草给予的幸福吧！

左页　加上白色的栅栏，给月季们爬藤，这样的小花园更加干净简约
右页　结合植物的生长习性，经常采用高低错落的方式摆放花草，既能节约空间，也能营造出丰富的视觉效果。

上 现在的陌上小园褪去了繁花似锦的春日模样，回归夏日的宁静
下 有充足的光照和肥沃的土壤，就能开出令人惊喜的花量

"今年第一次种植百合，也是挑选自己喜欢的颜色。清晨微风吹过，把花香都吹进了屋里，是沁人心脾的香气。当自己剪下几枝百合花插在花瓶的时候，内心突然涌出一丝丝的满足感，平静的生活里仿佛被加了一块糖，甜到心里。"桑陌的话语里是难掩的幸福。

现在的陌上小园褪去了繁花似锦的春日模样，回归夏日的宁静。从室内望去，一片养眼的绿色，蓝雪花和白雪花正在孕育着花苞，桑陌种的黄瓜苗正在努力地往上蹿高，还有小番茄正在结果。正是夏天的味道！

03 风格|日系：永远不会腻的白色主题

桑陌喜欢偏日系的花园风格，尤其是带着一些野趣的气息更爱。所以陌上小园也是走这样的路线，以白色和绿色搭配为主，其他颜色作为点缀出现，这样可以让空间显得更加宽敞。

小花园大部分植物和摆件都是素色系，比如白色的矮牵牛、铁线莲、百合花、郁金香、白雪花等，休闲桌椅、背景墙、栅栏也是白色的。

虽然花园主色调是白色，但不妨碍其他色系的花朵竞相开放。尤其迷人的月季：'龙沙宝石''夏洛特夫人'与'朱丽叶'。除了花卉，桑陌也有种些果蔬。

同时，桑陌在花园里放了一些有趣的摆件杂货，粉色的圣诞老人、白色的鸟笼、铁艺的风灯，还有带着鸟儿模型的爬藤架等，这些都能赋予花园更有趣的灵魂。

04 园丁|桑陌：留一点诗意给自己

"工作累了或者没有灵感时，到阳台里转悠，看看哪些花草需要浇水施肥修剪，调整植物的摆放位置，有时候一倒腾俩小时就过去了，丝毫觉察不到时间的流逝，也会为了冒出几朵花苞而欣喜万分。忙累了，沏壶茶，吃个早饭，看会儿书，有时候也会在小花园里画画，沉浸在自己的小世界里。"桑陌感言。

桑陌是个自由艺术插画师，擅长水彩，平时在家里创作，并定期在线上开办水彩网络课程。所以桑陌每天都需要备课，有时候低着脑袋一画就是大半天，工作过后经常脖子和手臂都酸疼不已。

鉴于自己的工作性质，桑陌很明白自己需要一方小小的天地来舒缓身心、寻找灵感，而阳台花园无疑是最好的选择。不管是单纯坐在那里发呆，还是沉浸在劳作中，对桑陌来说都有奇妙的治愈力。

虽然仅有 $4m^2$，但桑陌的陌上小园已经成为她生活里最重要的一部分。这是桑陌为自己的生活留下的一点诗意，使她的生活看起来气韵生动。

从这个独立摄影师的小小阳台到窗外万里山林，都是她的"梦里原野"

图文 | 亭子 & 末末

主人：末末
面积：5 平方米
坐标：浙江杭州

"我很喜欢一首诗:
十年经营,搭建草舍三间,
我一间,月亮一间,清风一间,
江山无法入住那就围绕欣赏吧。"

——未未

今天还给大家介绍一位杭州朋友,独立摄影师未未(微博@大未未Ⅲ),她也是阳台党,有一个小小的阳台花园。未未家的阳台虽小,但是视野极好,放眼即是万里山林。

01 我的阳台就是我的"梦里原野"

"我的阳台是个4米长1.3米宽的方盒子,很迷你,但位置绝佳,视野非常开阔,抬眼望去,满目山林和自由的天空。

我的阳台是我的'梦里原野',站在阳台上就像身处大自然里。倍感幸福。"

——未未

看到"窗外四季"那个小视频时,有点羡慕她的"梦里原野"啊!

我想起来了英国作家阿兰·德波顿书里的一段话。

这些树给人一种特别健康、充满活力的印象。它们似乎并不在乎这个世界是否老旧或悲哀。我很想把脸埋在树林中,好让它们散发的芳香帮助我恢复元气。

我也想把头埋进未未家窗外的绿色里、蓝雾里,汲取那万里山林生生不息的元气。

大自然就是这样啊,不在乎我们快乐与否,悲伤与否,自行地呈现符合人类审美条件的景观,悄无声息地治愈你。

为了让阳台更融入窗外的景色,未未养的绿植偏多,少量花卉点缀。

她尤其喜爱蕨类植物和仙人掌。

最近两年,未未的植物很少出现被养死的情况。她的养法有点佛系,把它们放置在适合的角落,适度照料,它们就会长成未未喜欢的样子。这是很幸福的事情。

未未的女儿很喜欢待在阳台上,给植物浇水、观察虫子、喝喝下午茶、读读绘本……

儿子还不到1周岁,未未也会经常抱着他去阳台,给他介绍每一种植物,带他触摸它们。

这样的梦里原野,也是很令人欣羡的吧!

02 从小阳台到万里山林

"我和我先生都很喜欢山林,也相信自然的力量,所以经常会带孩子去山里走走,坚信'大自然是现代文明唯一的解毒剂。'"未未说。

未未经常被这些山林日常感动。

为什么这么容易被自然界感动?

在自然草木面前,我们很容易就放下戒备,身心舒缓。

草木无情,贵在无情,没有人类身上的自负、自卑、攀比、嫉妒、埋怨、鄙夷、卑劣等其他任何一种情绪。在它们面前,很难让人产生不适。

未未时常会从山里带回些野花。

法顶禅师说：
山林已不仅仅是大自然，
山林犹如巨大的生命体，
有永不凋零的胸怀，
山林不只有花开花谢，
还有诗、音乐、思想和宗教，
伟大的思想和宗教，
不是在砖泥建造的教室里，
请正视这一事实，
它们是在纯净污染的大自然中萌芽的。

未未说，我们需要的是用心去感受，保持心灵纯净。

所以，尝试着走进山林，来使我们自己恢复元气，以保持心灵纯净吧！

左页 阳台是"梦里原野",站在阳台上就像身处大自然里。倍感幸福

右页上 为了让阳台更融入窗外的景色,朱未养的绿植偏多,少量花卉点缀

右页下 即将开败的花,采下它们,为下午茶插一盆花,或者给它们拍点艺术照

很想把脸埋在树林中,好让它们散发的芳香帮助我恢复元气

大自然就是这样啊,不在乎人们快乐与否,悲伤与否,自行地呈现符合人类审美条件的景观,悄无声息地治愈你

03 从室内设计到独立摄

未未大学修的是室内设计,从事相应的工作有五六年之久。女儿出生后,开始接触摄影并做起了独立摄影师,到现在也有四年了。

关于摄影,从小城市到大城市,从一板一眼的凹造型,到化繁为简、回归自然。未未更在乎处身感受而不是一味地追求视觉冲击,完美的空间配置往往只是把美好的事物放入合适的空间而已。

和我们上次的澳洲朋友Jane一样,未未也是照料一家四口饮食起居的全职妈妈,她通常也会把那些餐桌时光定格下来。

即将开败的花,采下它们,为下午茶插一盆花,或者给它们拍点艺术照。

她总是忍不住拍下沉醉在草木间的女儿"暖宝儿"。

她还拍下了那些自然里的女孩们。

从设计到摄影,再到成为两个孩子的全职妈妈,未未越来越明白自己,知道自己需要什么。

就像摄影那样,把身份角色、职业爱好都放入合适的空间里,不焦虑不迷茫。

未未从来没有过二胎恐慌,不是因为物质上的富足,而是因为内心足够充盈。

从未未的小小阳台到万里山林,都是生活日常片段,可幸福就在这些日常片段里,在朴素自然的生活态度里。

不要为日子平淡痛心,思及地球生命的丰富多彩,我们当释然,这个世界除了大人物的事情,还有原野上的春花、秋月、夏日、冬雪。

左页 定格下来的餐桌时光

右页 在自然草木面前,很容易放下戒备,身心舒缓。草木无情,贵在无情,没有人类身上的自负、自卑、攀比、嫉妒、埋怨、鄙夷、卑劣等其他任何一种情绪。尝试着走进山林,恢复元气,保持心灵纯净吧

面朝大海，与花共舞
花沁石

图 | 玛格丽特－颜、郑德雄　文 | Shirley

主人：Shirley
面积：100 平方米 + 后续两亩地
坐标：福建宁德

我说自己是一个有福之人，无悔的青春，落叶归根，回到家乡，父老乡亲，花草为伴。在花园里观潮起潮落，渔舟唱晚。"我有一所房子，面朝大海，春暖花开。"我庆幸它不是诗，又是诗一样的存在。我给我的花园取一个温暖的名字——花沁石。

我是辣妈Shirley，"70后"，土生土长的霞浦人，父母、兄弟都在家乡住。四年前我回到故土，目前在打理自己的花园 "花沁石"。

我的前半生

说到我的青春奋斗史，要从17岁做裁缝开始。1998年，我只身来到上海进修服装设计专业，毕业后一直留在当地打拼。上海是一个多元化的城市，帮我打开了眼界，丰富了视野，同时也给予肯吃苦的逐梦人同等的发展机会，让我公平地体会到"坚持+努力"就会成功的道理。

经过几年的奋斗，我成了家，立了业，和先生在上海购置了一座带一楼花园的联体别墅，给女儿提供优质的学习生活环境。偶然的机会，我接触到了家庭园艺，致使我血液里"农民女儿"的意识被唤醒，我开始在自家花园以及户外公共花园区域种植各种各样的花草。多年从事服装行业让我对于"美"有着敏锐的感知，助我在做花园的时候，奠定很好的美学基础。慢慢地，我开始自行设计打造错落的景观，引来小区居民的围观，再后来一些上海市民纷纷从各处赶来参观。

光阴飞转，我在上海一待就是20年，每年只有探望父母才回老家

左页 拱形花架入口

右页 第一眼就被这里的自然风景吸引，一座石头屋依山面海，视野开阔

霞浦。诸事顺遂，直到2012年的一场病扰乱了我本以为已成定局的生活轨迹。一病就是三载，这三年时光加深了我对父母和故乡的思念。

2015年春，大病初愈的我回到了故乡——霞浦。

在好友郑德雄老师的引荐下我来到了牛栏岗，中国千万小村落中的一个。第一眼就被这里的自然风景吸引，一座石头屋依山面海，视野开阔。我的脑子里即刻浮现出海子的诗：

面朝大海，春暖花开。许是长期在大城市生活的缘故，看到山里的一切都觉得美好，我有了想在这里养老的冲动，而且这个想法愈发地强烈，挥之不去。带着这份"冲动"，在郑德雄老师的帮助下，我跟村民协商租下了那座老石屋。我知道，这就是我要的诗和远方。

遇见诗和远方

原来我居住的老房子外立面是石头堆砌的结构，屋前有100平方米不到的自留地，我就在这门前一亩三分地上继续我人生后半程的花园修行。有人肯在买包上花费过万，而我却唯独钟爱亲手造花园，花钱给自己"找事儿"，至今我在花园上的投入超过三百余万元。我没有聘请专业的设计师，把所有的造园乐趣和艰辛全部留给自己体验。每一步，每一场景、细节，都是我在摸爬滚打中积累经验，不断改善。

我住的石头屋年久失修，被白蚁侵蚀严重，如遇下雨天，屋内到处漏水，好似仙居水帘洞一般。可是这些我都不在意，就在花园里搭帐篷露营。因为热爱园艺，我每天很早就起来，一杯咖啡就是对我的"灌溉"，得到能量补给后开始浇花、施肥、修剪、种花，一直劳作到天黑。日复一日，不知疲倦，谁让我爱呢？我的家人朋友都觉得我是个"疯子"。我曾经连续七个月沉迷园艺劳作，没有下山，没有和家人联系，在"失联"的这段时间里都是依仗信任支持我的朋友们支撑着日常生活。

莫奈老师来看我，第一眼感觉石头屋特别漂亮，美中不足的是在石屋的位置不能看到海天相接。就在为此事纠结的当口，我突然冒出一个想法，石头屋正前方的坡地还空闲着，很多原住民都搬到县城里生活，我便租下两亩地用以扩张我的花园版图。

左页 坐在木椅上远眺山水

右页 花沁石正对面（南面）是一片滩涂，每当日出日落，潮起潮落，小舟渔网、竹排浮标在光线中忽暗忽明，异常令人着迷

山水之间沁花园

个人喜欢英式自然风格花园。从小在田间自由自在长大的我，养成了豪放不羁的性格。我对待植物们的态度同样不苛求，希望它们在宽松舒适的环境下依着自己的性格自由生长，没有条条框框的设计，不设限。

整个花园我最满意的地方有三大部分。第一处，水景：完全按照原有地形、水体、硬质结构和原生植物来组织，体现浓郁的自然情趣。第二处，圆形草坪：圆形是自然的形态，线条圆润，包容感强，易给人无边的感觉。以圆形草坪为中心，周边大面积生长着纯天然的花境，与三层圆拱形的建筑气质相呼应。第三处，阳光房：它是整个花园的灵魂，尤其夜晚打开灯，站在远处能感受到花园在跳舞。我终于在石头屋前看到了我想要的风光。

霞浦的气候宜人，早晚温差较大，为各种植物的生长创造了优渥的环境。一不小心紫色欧洲月季已爬上二楼窗台，远看好似从石缝里开出的花束，沁人心肺，鸟语花香弥漫着整座石屋，我的花园从此就叫"花沁石"。另外，这个名字又透着股意志顽强的精神，有我的影子在里面。花沁石正对面（南面）是一片滩涂，每当日出日落，潮起潮落，小舟渔网、竹排浮标在光线中忽暗忽明，异常令人着迷。花园的北面背靠青山。

花园新事业

2017年春天的老石屋已成为村上仅存的七栋老石屋中毫无悬念的咖位，引来周边摄影爱好者和园艺爱好者前来打卡，平静的小村庄变得热闹起来。慕名前来的拜访者多了，花园的维护成本也在直线升高，与朋友相商之下，将花沁石做成花园民宿与天下花园爱好者一同分享。没有路修路，运石头一层一层堆起来作护坡，巩固水土，也让花园显得更加立体，层次分明。

政府一直在推广美丽乡村建设，而我的实践行动恰巧响应了政府号召，推广家庭园艺的概念，让更多人了解并喜欢上家庭园艺。因为花园，我结交到很多好朋友，一起分享着园艺带来的快乐。在陌生人面前，我是一位勤劳的花农。在熟悉的人面前，我是一位独立的现代女性。三年的劳累，看到今天的成果，我的心中充满了自豪感。我的先生和女儿都支持我现在的新事业，也能够为家乡做出贡献。父亲有时会来帮我打理花园，妈妈为我烧饭煮菜，准女婿帮我处理日常杂务，村民们常来坐坐喝茶小叙，搭把手搬运些重物，是花园指引着我再一次找到生活的方向，找到回家的感觉。

左页上 圆形草坪：线条圆润，包容感强，易给人无边的感觉
左页下 花阳光房：它是整个花园的灵魂，尤其夜晚打开灯，站在远处能感受到花园在跳舞

家有小庭院，栖息花丛中

图文 | 雪宝

主人：雪宝
面积：北花园 30 平方米、南北露台各 15 平方米
坐标：广东顺德

"我没有在最好的年华遇见你，但遇见你才是我最好的年华。"——我与园艺的邂逅就是这种感觉。

打造色彩缤纷的北花园

我对自然界的花草总有一种油然而生的亲切感，可能缘于小时候生活在鄂北山区，那里的春天漫山遍野盛开着各种野花，放学路上我经常会在那些摇曳的花丛中迷失自我，不可自拔，我会盯着某种开着不起眼小花的植物看半天，忘记自己站在田垄间的小沟里；会躺在满是小黄花的蒲公英草地上，看太阳下了山才记起要回家吃饭。小学的后山坡上，春天会有几丛紫丁香花盛开，我记得清清楚楚。我想我可能天生就是一个花痴。11岁那年由于父亲从部队转业，我们举家回到广东，城市里的高楼大厦虽然很让人惊奇，但新鲜感过后我倍感失落，到处的水泥地面感受不到春天草长莺飞、蜂飞蝶舞的勃勃生机，那种对自然的渴望从此深深地烙在我心底。

在以后成长的日子里，生活多了许多苟且和鸡毛，但在心中总是隐藏着对美好的追求和向往。2003年我和先生终于攒下了买房的钱，可以搬出和同事合租的单位宿舍，又机缘巧合地赶上这片区带花园的小别墅出售。可囊中羞涩，带南向花园的房子要多十几万，当时我对园艺认识粗浅，只是喜欢种花，却没有考虑到朝向对花卉的影响有多么大，最后买下了这座带北向花园的房子。尽管这一决定让我偶尔有悔意当初没能咬咬牙买下南向的花园，但我更多的是一种感恩，感谢生活的赐予，让我在繁华的都市里拥有一小块地，种一小片花。

右页 用几块大理石板在楼梯与门口之间铺设了花园通道,再用鹅卵石铺设了一处打算放上桌椅的圆台

我也早已相信:是自己的,跑不掉,不是自己的,争不来。

2004年房子装修时,我对花园的设想非常粗糙,就是要有一小片草地,草地的周围可以种花。北花园的面积不大,除掉一侧的楼梯,大概只有30平方米,用几块大理石板在楼梯与门口之间铺设了花园通道,再用鹅卵石铺设了一处打算放上桌椅的圆台后,剩下一小块不太方正的地,以及一些特意留下来的边角落,就是我准备大展拳脚之地了。儿子爱吃酸酸甜甜的黄皮,所以我们在花园左侧种了一棵黄皮树;先生爱喝茶,也爱赏茶花,我们就在花园右侧种了一棵1米多高的茶花。现在已经长到两米多了,每年春节粉色的茶花挂满枝头,很有节日气氛。我喜欢鸡蛋花,可观可嗅还可食,那就靠墙边种上一棵。当理智战胜了情感,回头一看,小小的花园竟然种了三棵树。那株茶花一开始称不上树,现在绝对够资格。也罢,既来之,且安之,树还是可以通过修剪控制株形的。接下来要解决的问题是花种哪里?种什么?

我在书店翻阅了许多中文翻译的日本园艺书籍,对书里面呈现的园艺世界羡慕不已。那时国内花市上的花卉品种很少,书里有许多花市面上看不到,还有种花的介质,如泥炭土、珍珠岩、蛭石、赤玉土等更是闻所未闻。我学着书中庭院的布置,买了一些大小不一的黄蜡石,重量在几斤到20多斤的石头被我一块块从后院经过车库、客厅搬到花园里,亲手垒起来一个小花圃,再填满唯一能买到的种植土——麻袋塘泥。干燥的塘泥很硬,先用水喷湿,再用废弃的菜刀一块块剁碎,不然大块的土无法服根。这个小花圃成了我园艺的试验田,先后种过石竹、太阳花、丽格海棠、蓝金花、凤仙花、菊花、百合、风雨兰、朱顶红等各种草花和球根。最后非洲凤仙、百合成了这里的"荣誉居民",事实证明它们最适合为这个花圃增添光彩。秋冬看凤仙,春夏看百合,我将两者套种,百合球深埋,其上种非洲凤仙,百合休眠期正好是非洲凤仙要种植的时候。非洲凤仙是我见过的最耐阴的花卉,即使北花园冬季没有一点直射光,也能开得很灿烂。等非洲凤仙受不住春天的雨淋、初夏的热浪仙去时,正好百合开始萌发。不过,种过一季的非洲凤仙后

左页 秋冬看凤仙,春夏看百合,将两者套种,百合球深埋,其上种非洲凤仙,百合休眠期正好是非洲凤仙要种植的时候

右页 小时候，幸福是一件很简单的事。长大以后，简单就是幸福。园艺就是简单的幸福，心灵休憩的港湾，也是心灵修行的禅院

使用特色花器进行组合盆栽，感受混搭的乐趣。混搭栽培是小花园节省空间的法宝

必须换去表层土,或平时多施有机肥、生物菌肥以改良土壤品质,否则连续栽种同种花卉,会导致微量元素缺乏而生长不良。

随着我对园艺年复一年的实践和研究,我认识到庭院越小,越该使其富有情趣,精心管理。只要用心搭配树木和花草,一样可以设计出一个随着季节呈现不同景致、变化多彩的北花园。面积小,那就向老天爷要空间。我陆续在小院中搭建了多个拱门和屏风花架,在石头花圃中种下风车茉莉,而今已爬满整面白色大理石栅栏,五月里开满芬芳的小花;在院子的拱门下种了马达加斯加茉莉,这是种较耐阴的常绿藤本,花期很长,可以从四月开到十月,洁白幽香的花朵串串垂落,非常清雅;在楼梯旁种了铁线莲'乌托邦'和嘉兰百合,F系铁在广东爆花没压力,即使光照严重不足也能开花,而嘉兰百合在炎热的夏季大发异彩、绚丽夺目;在门口的拱门处我种了珊瑚藤,外墙的拱门种上蝶豆,粉色和蓝色的花交相辉映,很是协调。而后又用防腐木木桩围成了几个种植区,用旧的红砖铺了花园小径,在红砖的缝隙间特意零星种了几棵沿阶草,营造自然野趣。对着门口的区域相对日照最充足,是主要的草花种植区,结合不同季节的光照和温度,我会种上适宜的应季草花。这里春天种过波斯菊、松果菊、非洲菊;夏季种过鼠尾草、香彩雀、夏堇;秋冬季有非洲凤仙和新几内亚凤仙花、朱唇等。其他种植区我种了绣球花、喜花草、彩叶草、鸟尾花、虾夷花;门外左右两个花坛也被我开发种上了各种心仪的植物,有绣球花'无尽夏'、穗花牡荆、硬枝老鸦嘴、蓝星花、喷雪花、菱叶绣线菊、车轮梅、姜荷花等,这些植物只要定期施肥浇水就能长得很好,而且年复一年地开花。当然,所有根系深的植物在种植之前都必须改良土壤,在那些个原该休假的日子里,某个女汉子会挥汗如雨地在院子里挖坑,用纤细的胳膊一盆盆搬走那些建筑垃圾,再填进去塘泥和肥料,累得腰酸背痛,心里却乐得开花。

构筑四季花开的露台梦

其实上面的许多改造都是发生在2009年之后,那一年是我园艺道路的转折点,因为我偶然闯入了藏花阁、踏花行等园艺论坛,大有相见恨晚之感。在这些论坛里,我从许多大咖那里学到了不少园艺设计理念,也了解到许多花卉资讯——一入花坑深似海,从此心无旁念生——我开始觉得花园不够折腾了。

我家有两个矩形露台,各15平方米。南露台朝向后门车道,北露台面向对面人家的花园。从景观来看,北露台更适合观赏。所以一开始我们就将南露台作为生活露台晾衣晒被。北露台只是放了一套桌椅,夏日乘凉之用。话说有一日,我打起了北露台的主意。这次行动我不再鲁莽,广纳建议,博采众长,将设计方案在心中想了又想,最后定稿拿给先生看。他表示可以全力支持。

露台改造分三步走:第一步是打好基础设施,做好防水工程,再做花基,铺青石板。先在原有的地砖上刷一遍沥青,然后用空心砖砌一个20厘米高的隔热层,靠西边和北边沿围墙准备做"L"形花基的部分不做隔热。接下来再在隔热层上铺青石板,后用空心砖砌花基,外贴朱红色文化石。花基高度在青石板上30厘米,这样加上隔热层的高度,花基就有50厘米深。花基的宽度在"L"两个边分别是50厘米和90厘米,种树种花都没负担。之所以要铺青石板,是因为记忆中小的时候曾走过一条青石板路,桃花花瓣在春雨淋漓中洒落在青石板

左页 绣球花、朱顶红这些都是娇艳的大花，要再种一些颜色清丽秀雅的小菊、美女樱、角堇、鼠尾草之类的小花点缀其间，打破单调乏味，为景观空间增加层次和变化，制造野趣

右页上 苔绿青石板街，斑驳了流水般岁月；小酌三盏两杯，理不清缠绕的情结

右页下 一入花坑深似海，从此心无旁念生

上，那一瞬间的美好在我心中定格。"苔绿青石板街，斑驳了流水般岁月；小酌三盏两杯，理不清缠绕的情结。"每天清晨，我都会用水冲洗一遍石板，打湿的青石板泛着幽幽蓝光，与花影交相辉映，透着宁静的美。第二步是架设廊架、拱门和篱笆。廊架高度为3.2米，宽度正好是露台的宽度，长度占露台约1/3，拱门高度为2.8米，篱笆环绕着花基搭建，高低错置，既能方便藤本植物攀爬，又保证露台的私密性。所有材料除了廊架和拱门中起支撑的铁柱外都是白色的PVC，商家说可以用20年。第三步是铺设

花基的油毡布和蓄排水板，做好排水孔，填好种植土，用塘泥兑泥炭土、珍珠岩。感谢科技的进步和生活的美好，现如今所有材料都可以货真价实地轻易买到，不再像从前跑到老远的花市，买一包珍珠岩被无良商家用泡沫粒子骗，回来一撒土里，轻飘飘一地雪花状的囧样。

露台做好硬装，接下来就该种花了。也走了不少弯路，掉进不少坑，然后爬出来披荆斩棘"挥泪斩马谡"，再掉进新的坑里。现在我的露台主打植物为绣球、朱顶红、三角梅，绣球种了40多种，盆栽占多数。朱顶红也有40

余盆，三角梅主要选了淡色系的，有'斑叶苹果花''紫丁香美女''雪紫''白雪公主'等十几个勤花品种。PVC拱门处种了四种颜色的飘香藤，另外搭建了一个铁拱，上面爬了铁线莲'维尼莎''美好回忆'和'向阳'等F系品种。篱笆攀着一棵马达加斯加茉莉。廊架区经过多种不同植物的实验，最后选定沃尔夫藤，它的花期超长，期待明年可以在一串串金黄色的花下喝茶乘凉。如今的露台，三月朱顶红陆续抽箭开花，五月绣球争奇斗艳，七八九月有嘉兰、蓝雪花和飘香藤相伴，十月以后三角梅靓丽主演，再加上铁线莲、垂茉莉、狗牙花、鸢尾花等多年生草本和各种应季的一年生草花，我的露台真正做成了四季花开的美梦。现在南露台已经成为我育苗的基地，在南露台培育到开花，就被搬到北露台欣赏，育苗区与赏花区分开的好处就是"花开看花不愁凋"。北露台永远都能"花开烂漫，我在丛中笑。"

小时候，幸福是一件很简单的事。长大以后，简单就是幸福。园艺就是我简单的幸福，心灵休憩的港湾，也是心灵修行的禅院。园艺使我的生活充满激情、乐趣与回味，令我感受着分享的美好和喜悦。园艺的道路，我会一直走下去，相伴终生。

雪宝的露台软装小贴士

1.设置白色屏风、网格提亮庭院色彩。 北露台南墙上我设置了几扇白色屏风，东边围墙加了蓝色网格，屏风上挂了一些不太重的盆栽或艺术品。白色屏风给没有直射光的半边露台增添亮色之余，也成了花友们摆pose的摄影墙。蓝色的网格是花儿们美美的背景，节假日休息，家里人都喜欢坐在这里的小桌旁用早餐。

2.使用特色花器进行组合盆栽，感受混搭的乐趣。 混搭栽培是小花园节省空间的法宝。"铁打的花盆流水的花"，花器可以选择比较有特色的，贵一点没关系。混搭的要点是选择花期相同、习性相似的植物。这样就可以不用特别留意浇水、施肥和摆放地点等，轻松地管理。在颜色上要么选择同色系，要么是可以产生强烈视觉效果的搭配色。最好在苗半大时定植，这样才能"你中有我，我中有你"。种植时也要考虑植物生长的高度，不要选择高度相差太大的去搭配，会很不协调。有时候，剪下一束花，混插在一起也非常好看，彩叶草可以是常用的搭配，越掐越茂盛。

3.用防腐木木桩遮掩花盆，避免凌乱感，用小花草点缀，增加层次和变化。 要种的花草多了，不可能每个花盆都用漂亮的陶盆、铁器，搬动或换盆会太累的，这就免不了要用到没有美感的塑料盆，看起来凌乱不堪。这时可用略高于花盆的防腐木木桩将花盆围绕起来，并成一定弧度，里面开败的盆花可以随时更换，这样既美观又清爽。绣球花、朱顶红这些都是娇艳的大花，要再种一些颜色清丽秀雅的小菊、美女樱、角堇、鼠尾草之类的小花点缀其间，打破单调乏味，为景观空间增加层次和变化，制造野趣。

Tips

如何定位自己喜欢的花园风格、功能分区、花园色调,以及后期维护需要注意的事项?首先要明确花园是自己的,和自己朝夕相处,因此必须为自己所喜欢的风格,要和设计师明确地表达出自己喜欢哪种类型,希望体现怎样的意境。花园风格是一种精神表达,是将主人的情感寄托于花卉景物中的方式。设计时应强调人所看到的景物画面,在不同角度看到不同的风景,由观赏产生心灵触动,并愿意经常来花园小憩、冥想、发呆,这才是一个吸引人的好花园。

其次,设计要满足对功能的需要,合理制定功能分区,在满足功能需求的基础上,为花园增添美丽空间。

整个花园的色调要统一,有的区域色调统一和谐,有的区域可以制造碰撞反差,形成鲜明对比。通过色调的协调体现出你要表达的浪漫、典雅、活泼,抑或温暖的意境。好的花园,不仅规划美,植物美,还要有美的灯光配合,让花园在24小时的任意时间都拥有变幻莫测的美。

在后期维护中,尽量保持最初的设计不变形。为了体会各种花卉的种植乐趣,花园里会不断增添新的植物,那么就会造成花园因植物过多而"变样",设计会显得凌乱。一定要在新增植物和保持植物布局之间做到平衡,适当的"断、舍、离"。